AF384321

L'ETAT

DES
SCIENCES
EN FRANCE,

Depuis la mort du Roy Robert, arrivée en 1031. jusqu'à celle de Philippe le Bel, arrivée en 1314.

Dissertation de M. l'Abbé LEBEUF, Chanoine d'Auxerre, qui a remporté en 1740. le Prix de l'Académie des Belles-Lettres, fondé par M. le Président Durey de Noinville.

A PARIS, RUE S. JACQUES,

Chez LAMBERT & DURAND, à la Sagesse, & à Saint Landry.

M. DCC. XLI.
Avec Approbation & Privilege du Roy.

L'ETAT
DES
SCIENCES
EN FRANCE.

Depuis la mort du Roi Robert,
arrivée en 1031. jufqu'à celle
de Philippe le Bel, arrivée
en 1314.

*Differtation qui a remporté en 1740. le Prix
de l'Academie des Belles-Lettres, fondé par
M. le Préfident Durey de Noinville.*

E champ que l'Academie
des Belles-Lettres à donné
à parcourir, eft d'une fi
vafte étenduë, qu'on ne
peut fe propofer de s'arrêter à chacune de fes parties, fans paffer les
bornes préfcrites pour un fimple dif-
cours. Si les extrêmitez en font in-

A

cultes & fteriles ; l'efpace qui eft
entre deux, peut nous dédommager
amplement par fa fecondité.

ONZIE-
ME SIE-
CLE. Ce n'eft pas en effet, ni dans l'onziéme fiécle, ni dans le treiziéme,
& le commencement du quatorziéme,
temps où mourut Philippe le Bel,
qu'il faut chercher une profonde érudition, & une grande étenduë de
connoiffances. Mais c'eft feulement
dans l'efpace du douziéme fiécle,
fous les regnes de Loüis VI. Loüis
VII. & au commencement du regne
de Philippe le Bel, qu'il paroît que
les Sciences fleurirent plus univer-
fellement dans le Royaume. Il y eut
en tout temps des Ecrivains, des Etudians, des Livres, des Bibliotheques : mais il faut diftinguer differens
genres d'études, d'Ecrivains & d'ouvrages.

*Vita S.
Odilon.
per Sil-
viniac
Monac.* On difoit publiquement dans l'onziéme fiécle, qu'à la mort de Fulbert
de Chartres, arrivée en 1028. trois
ans avant celle du Roy Robert;
toute étude Philofophique avoit ceffé
en France. Quelques-uns reftrai-
*Guit-
mund.
lib.* I. gnoient ce malheur aux Arts liberaux, & d'autres pour cette raifon,

appellerent ce trifte temps, *tempora lutea.* Mais ces expreffions n'ont point dû être prifes à la lettre. Fulbert laiffa des Difciples qui cultiverent les Sciences; & quelques-uns même dónnerent dans des extrêmitez pour avoir été trop fçavans.

S'il étoit néceffaire de prouver que depuis la mort de Fulbert, il y eût des Bibliotheques en France, auffi-bien que des Sçavans qui en faifoient ufage, & qui portoient les autres à s'en fervir; je citerois un Olbert Abbé de Gemblours, qui laiffa à fon Abbaye plus de cent volumes fur l'Ecriture Sainte, & environ cinquante fur les Sciences profanes: Un Baudry de Bourguëil qui invitant Godefroy de Loudun à prendre l'habit monaftique, reprefente qu'il aura des Livres en abondance: Une multitude de Copiftes à Saint Evroul en Normandie, fous l'Abbé Thierry; occupation qu'on regardoit comme très-utile: Un Abbé Osberne de la même Maifon, qui porta fon attention jufqu'à fabriquer des écritoires pour les Enfans. Les Bibliothêques furent tellement l'objet de l'attention

Ex Ne-
crol.
Gemme-
tic. t. 4.
Ann.Be-
ned. ad
an.1044
dans les Monaſteres, qu'il y avoit
des jours deſtinez à prier Dieu
pour ceux qui avoient donnés ou
écrit des Livres : Et afin que les Livres ne periſſent pas faute de cou-
vertures, on engageoit des Seigneurs
en leur promettant des prieres, à donner des fonds pour y ſubvenir.

Geoffroi
Comte
d'Anjou
laiſſa des
Dîmes à
cette fin
à l'Ab.
deN. D.
de Xain-
tes.Ann.
Bened.t.
4.p.487
an 1047
A l'égard des Ecoles qui ſubſiſ-
toient depuis la mort du Roy Robert,
je produirois celles de Cambray,
d'Arras, d'Orleans & de Meun,
celles de Laon, du Mans, &c.
Entre celles des Monaſteres, les
Ecoles de Saint-Denis, où Loüis
le Gros fut élevé, celles de Saint
Bertin, celles de Saint Maur proche
Paris, & celles de Saint Hubert en
Ardenne. Il y en avoit non-ſeule-

Ann.Be-
ned.t. 5.
p.1173.
ment dans toutes les Cathédrales,
mais même dans les Monaſteres moins
celebres ; comme dans celui de Saint
Magloire de Paris. L'uſage en fut ſi

Vita
Lan-
franci.
general dans toutes les Communau-
tez, que Lanfranc ſortant de celles
d'Avranches, qu'il venoit d'illuſtrer
& où il avoit enſeigné les Belles-
Lettres, chercha à deſſein, en allant
à Rome, un lieu retiré où il n'y eût

aucun exercice de Litterature. On lifoit les Auteurs Payens dans les Ecoles de l'Ordre de Cluny. Il n'y eut que l'amour déreglé des Poëtes qui fût alors blâmé dans cet Ordre. On y regardoit cette étude comme fort propre pour l'intelligence des Livres Saints; & pour me fervir du langage de Jean de Sarisbery, ils cherchoient l'or de la fageffe à l'exemple de Virgile, dans la boüe d'Ennius.

Le Catalogue que je pourrois produire de plufieurs Maîtres alors fameux, qui ont été celebrez par Baudry de Bourguëil & par d'autres, feroit trop long à inferer ici. Ils firent de bons Ecoliers dans tous les états, même parmi la Nobleffe. Certains Seigneurs qui n'avoient pas étudié, ne laifferent pas de lire & de faire des extraits de ce qu'ils lifoient. Il eft certain en effet, qu'on ne faifoit pas étudier tous les enfans Nobles. Herluin mort premier Abbé du Bec n'avoit appris à lire qu'à l'âge de quarante ans.

Mais quoiqu'il y eût des livres, des Maîtres, & des Ecoles dans l'onziéme fiécle, la fcience de ce temps-là

A iij

ne pouvoit pas être fort profonde ?
Le nombre des livres étoit encor
trop petit, pour former de vrais Sçavans. On regardoit comme un grand
préfent qu'un Abbé au Maine eût
donné quatre volumes. Un fimple
recuëil d'Homelies fut payé enBaffe-
Bretagne une fomme immenfe. * (a)
C'étoit beaucoup que de poffeder
cent cinquante volumes. (b) Il y
avoit des Eglifes illuftres qui n'en
avoient pas la moitié. On regarda
comme l'effet d'un travail exceffif,
une Bible écrite en cinq mois par
cinq Religieux. (c) Il eft vrai que la
réünion de la Normandie à l'Angleterre, fous un même Prince, put exciter de l'émulation, & qu'elle attira
en effet d'excellens fujets dans la
Normandie ; mais l'ignorance y étoit
encore très grande parmi les Prêtres ;
j'entends, ceux qui defcendus des
Néophytes, baptifez avec Rollon
leur chef, s'accoûtumerent plus fa-
cilement à manier les armes qu'ils

*Une Bi-
ble, un
Canoni-
fte, Sma-
ragde &
un Paffi-
onel.
* 200
Brebis &
3. muids
de grains.*

*Yves de
Chartres
Epit.
149. ap-
pelle ces
Prêtres
du nom
d'éma-
nez ex
hærefi
Neophy-
forum.*

(a) *Ann. Bend. t. 4.
p. 574. ad an.* 1057.
(b) *Ibid. ad an.* 1048.
ubi de Olberto Abb.
Gemblac.
(c) *Ibid. ad an.* 1062.
c'étoit à Moyenmoutier
en Lorraine.

trouvoient fous leurs mains, que non
pas les livres qui étoient moins communs.

Les Maîtres n'étoient pas moins
rares que les livres. Il y eut de l'un
à l'autre une proportion trop fatale,
mais neceſſaire dans ce temps-là : Un
même Profeſſeur enſeignoit en quelques celebres Monaſteres, la Grammaire, la Philoſophie, la Théologie
& la Muſique. Les Maîtres particuliers réſidens dans les petites Villes
ou Bourgades, n'étoient pas habiles
en tout, ainſi que Guibert s'en apperçut. Il n'y en avoit que trop, dont
la methode étoit d'inculquer la ſcience à force de coups ; ce qui rebutoit
les Etudians, comme le remarque S.
Anſelme. Enfin, ce qui pût étouffer
la ſemence de ſcience que Fulbert
& ſes Diſciples avoient jetté ; furent
les guerres civiles entre les Seigneurs, depuis qu'ils commencerent
a s'approprier ce qu'ils ne tenoient
que comme bénéfice ou par conceſ-
ſion du Prince. Ce fut alors qu'on
vit donner le nom de Clerc à ceux
qui avoient plus de connoiſſances,
& même à des Princes, tel que Ra-

A Saint Bertin , Lambert fait Ab- bé en 1095 a- voit été dans ce cas. Ann. Bened. t. 5. p. 354.

Ann. Be- ned. ad 1058 & Guib. lib. de vita ſua

Ann. Be- ned. t. 4. p. 509. ad an 1050.

dulfe frere de Guillaume le Conquerant.

XII. ET X I I I. SIÈCLE. Les Sciences loin de tomber en décadence dans le XII. fiécle, y reçûrent au contraire beaucoup d'ac-croiffement : Les Ordres nouveaux qui furent établis fur la fin du XI. fous le regne de Philippe I. & dont la France fut pour ainfi dire le ber-ceau, y contribuërent en partie. De-là nâquit une efpece d'émulation par-mi les Maîtres des Eglifes Cathédra-le,, & par confequent dans les Eco-les inferieures, & ce avec d'autant plus de facilité, que les Copiftes de livres furent aifément multipliez dans ces nouvelles retraites.

L'Ordre de Cluny ceffa donc alors d'être le feul dépofitaire de la Scien-ce en France, comme il l'étoit au-paravant, fi on excepte quelques Mo-nafteres particuliers. Les Chartreux, celui de l'Ordre de Prémontré, & fur-tout ceux de l'Ordre de Citeaux s'étant adonnés à l'étude, renouvel-lerent dans le Royaume prefque tous les anciens exemplaires latins des Peres de l'Eglife, des Hiftoriens Ecclefiaftiques, & même des Auteurs profanes, qui étoient chez ceux de l'Ordre de Cluny, & dans les Bibliotheques des Cathédrales.

Cette augmentation de gens de-voüez au fervice des Sçavans, ral-luma le zéle de ceux de Cluny, & il fe forma une efpece d'émulation entre eux & les Cifterciens. Leur Congregation étoit encore fi celebre fous le gouvernement de Pierre le Venerable, qu'elle étoit eftimée juf-ques dans le fein de l'Eglife Grec-que. En effet, tous les premiers Ab-bez de Cluny avoient compofé des ouvrages, felon la remarque de Pierre, Prieur de Moutierneuf au XII. fiécle, fi on en excepte Heymar & les deux Hugues. *Ann. Be-ned. t.6. p. 350, ad an. 1142.*

Ce n'eft pas à dire pour cela que tous les Moines fuffent fçavans, car un d'entre eux nous a appris, qu'on fe contentoit fouvent de leur donner le fens grammatical de ce qu'ils lifoient fans s'embarraffer du refte. Mais ceux qui penetroient mieux dans le fens de la régle de S. Benoît, fi-rent attention à ce qui y étoit mar-qué ; que l'Abbé auroit des ta-blettes pour écrire, & que les Reli-

gieux prendroient chacun un livre à
la Bibliotheque au commencement
de chaque Carême; d'où la conclufion fut aifée à tirer, que St. Benoît
autorifoit la lecture & l'étude dans
fes Monafteres.

Les Superieurs déclaroient publiquement la guerre aux anciens Religieux ignorans, difant après S. Jerôme, *Senex elementarius ridiculum
eft.* De-là vint que plufieurs jeunes
gens qui avoient du goût pour les
fciences, embrafferent, ou les anciens Ordres, ou les nouveaux qu'ils
crûrent encherir fur les autres. Ce
qui arriva en Bourgogne, à Paris,
à Laon, prouve que les Ecoles des
Cathedrales feroient devenuës défer-
tes, fi les Maîtres qu'on y prépofa,
n'euffent pas été en état d'égaler
ceux des Monafteres, ou que quelqu'un n'eût pas fait voir, qu'on peut
refter dans le fiécle & y devenir auffi habile que dans le Cloître.

La feule maifon des Chanoines
Reguliers de S. Victor de Paris fit à
l'égard du Royaume, plus que chacun
des nouveaux Ordres n'avoit pû faire. Ce fut chez elle que prit de plus

fortes racines l'amour de l'étude qui
paroissoit languir dans les Ecoles de
la Cathedrale, & dans celles de l'Abbaye de Sainte Genevieve. L'excel-
lent Traité de Hugues, celebre Cha- *Erudit. didasca licar*
noine de cette maison, sur l'étude
des sciences, est une preuve de ce
que j'avance. On croit que ce fut là
qu'étudiérent deux Ecoliers Italiens
que le Pape Innocent II. avoit re-
commandé à l'Evêque de Paris. Au
moins les Sçavans de Saint Victor,
étoient en relation avec ceux d'Angleterre; & les Italiens leur deman- Voyez
doient encore des sujets l'an 1170. l'épitap.
Cette tige fut si féconde, & il en sor- d'un Ul-
tit tant de rejettons, que s'étant éten- dric, au
dus sur la montagne voisine, ils for- mur mé-
merent ce que dans le siécle suivant ridional
on appella l'Université, & que les du cloî-
Sçavans appellerent dès-lors, l'A- tre.
bela & la Cariathsepher du Royaume. (a) Bien-plus, les branches pe-

(a) Pierre de Blois a appliqué à Paris ce passa-ge des livres Saints, *Qui interrogant inter-rogeut in Abela*, mais il convenoit moins à son dessein que ceux où par-lé de Cariathsepher ou de Dabir, qui dans l'Hé-breu signifie, *la Cité des Lettres ou des Livres.* Cette seconde applica-tion étoit plus juste. Il est fait mention de Ca-riathsepher. *Josué* 1. per-dit. 1.

netrerent jusques dans le Danemarck, d'où elles attirerent des éleves qui se distinguerent par leur mérite.

Une marque assez certaine que les sciences étoient cultivées à Paris & aux environs, dans le commencement du XII. siécle, est que nous ne trouvont point dans les Conciles de ce temps-là, aucune Ordonnance d'enseigner les enfans, ni d'établir des Ecoles. Il n'y en a qu'une seule, (encor est elle douteuse, n'étant rapportée que par Abailard) & supposé quelle fût véritable ; comme les plaintes n'étoient venuës que de quelques endroits, il fut facile d'exécuter cette Ordonnance. Ce n'étoit donc que ferveur, & que zéle pour les sciences, sous le regne de Loüis le Gtos, & dans les premieres années de celui de Loüis le jeune. Tout y portoit, tout y concourroit.

En effet, pendant que les nouveaux Ordres travaillerent à transcrire tous les anciens livres; dans les Ordres d'un établissement antérieur, outre que l'on continua d'y apporter le même zéle, on redoubla les soins pour empêcher que ceux qui étoient

écrits depuis long-tems ne periffent.
Guibert dit, que les Chartreux de
la Grande Maifon, amafferent une
très-riche Bibliotheque; qu'ils préfe-
rerent les peaux & les parchemins,
que Guy Comte de Nevers leur envoya, à la vaiffelle d'argent qu'il leur
avoit d'abord deftiné. (a) Arnaud,
Abbé de Sainte Colombe de Sens,
portoit lui-même les livres aux Copiftes & les rapportoit, & leur donnoit le parchemin. (b) Il fit écrire
ainfi environ vingt volumes, parmi
lefquels il y en avoit d'Hiftoriques;
& il eut foin d'en tirer un Catalogue.
Robert, Abbé du Mont-Saint-Michel, en fit tranfcrire un bien plus
grand nombre. A Anderne vers le
Boulenois, un Moine qui étoit man-
chot, tranfcrivit prefque tous les anciens livres. A Saint Martin de Tournay, il y en eut douze deftinez à
cet employ, & ils s'en acquiterent

Lib. 1i
de vita
fua c. 10

Chron
Clarii.
t. 2. Spi-
cil. c. an
1123,

140. Vo-
lumes. Il
mourut
en 1186,

Chron
t. IX.
Spicil. p.
535.

(a) Il y avoit dans les Statuts de Guigues, leur Général, les tèmps mar-quez pour la diftribution du parchemin, de plu-mes, de la craye & du vermillion.

(b) Chez quelques an-ciens Benedictins comme à S. Guillaume du De-fert en Aquitaine, cha-que Religieux en fe fai-fant recevoir, devoit ap-porter deux écritoires. *Amp. Bened. t. 6. p.* 1156.

fous l'Abbé Odon, avec tant d'éxac-
titude, que c'étoit de ce Monaftere,
qu'on empruntoit les livres pour corriger les copies faites ailleurs : car
on relifoit exactement les copies, on
les collationnoit, & on les accen-

tuoit. Téulfe, Abbé de Morigny,
fe vanta d'avoir corrigé & accentué
une Bible entiere, & plufieurs ouvrages de S. Auguftin & de S. Gregoire. Les Abbez de Saint-Pere de
Chartres & de Vendôme, voyant le
danger qu'il y avoit que les livres
ne periffent faute de relieures, or-
donnerent à toutes les maifons de
leur dépendance, de fournir pour
cela chaque année un certain tribut.

Ces Ordonnances font des années
1145. & 1156. Il y eut à Corbie
un pareil reglement, qui fut confirmé
par le Pape Alexandre III. mais la
taxe affignée, fut feulement pour
faire tranfcrire les anciens livres.

Au refte; il ne faut pas croire que
les nouveaux Ordres n'euffent que
les livres qu'on écrivoit chez eux;
ils effayerent d'en obtenir des Ecclefiaftiques & autres, & ils y réüffi-
rent quelquefois. Nicolas, Moine

de Clervaux, pria Philippe Prevôt
de Cologne, de laiſſer au Monaſ-
tere ſa Bibliotheque; & je me ſou-
viens en effet, d'avoir vû en cette
Abbaye pluſieurs volumes bien anterieurs à l'Ordre de Citeaux. Il ne
faut pas non plus s'imaginer, qu'il
n'y eut de Bibliotheques que dans les
Monaſteres: Il y en eut dans toutes les
Egliſes où il y avoit des Maîtres :
Ainſi chaque Cathedrale avoit la
ſienne. De-là vint le nom de *Biblio-*
thecarius, qu'Ives de Chartres donne à Gautier Chanoine de Beauvais.
C'eſt ce qu'on appelloit plus communément du nom d'*Armarius* dans
les Monaſteres, parce que la Bibliotheque s'appelloit *Armarium*. Il eſt ſi
vrai qu'il y en avoit dans les Egliſes
des Chanoines Reguliers, que Geoffroy, Chanoine de Sainte Barbe en
Auge vers l'an 1170. diſoit en general, *Clauſtrum ſine armario, quaſi*
caſtrum ſine armamentario. Je trouve
dans l'Ordre de Premontré au Païs-
Bas, un Abbé, lequel aidé de ſon
frere, copia tous les Auteurs des
Arts liberaux, de Théologie & de
Droit, qu'ils avoient vû à Paris, à

Epiſt.
nomine
prioris
Clarav
inter E-
piſt. Ni-
colai.

In Epiſt.
Ivonis.

Theſaur
Anec.
t. 1.

Sacra antiq. Hugo Præm. 1725. Orleans & ailleurs, dans le temps de leurs études. Et ce qu'il y a de plus fingulier dans cet Abbé, c'eft qu'il employa auffi des Religieufes pour écrire differens livres de la Bible & des SS. Peres.

Ce feroit auffi fe tromper, que de croire qu'il n'y eût alors de fcience, que dans les lieux où il y avoit des Bibliotheques en forme. Comme il eft hors de doute, que depuis long-temps la Langue Latine n'étoit plus *Epift. Step. Tornac.* vulgaire, ceux qui vouloient recevoir les Ordres alloient aux Colléges des Cathédrales où aux Ecoles exterieures des Monafteres, & ils y lifoient les Auteurs, de même que de nos jours, pour fe former dans la Litterature & l'intelligence des livres Sacrez. Il y eut même des Seigneurs qui fans fçavoir le Latin, ne délaifferent pas de dévenir fçayants, par le moyen des livres qu'ils amafferent, & dont-ils fe firent donner *Cap. 66.* l'explication. On peut confulter là-deffus Lambert d'Ardres. Jean de *Policrat l. 4. cap. 6.* Sarisbery & Pierre de Blois, con-*P. Blef. Ep. 48.* feilloient aux Princes de faire étudier leurs fils, afin qu'ils appriffent

dans

dans les Auteurs Latins, à suivre de bons exemples. La France avoit reconnu cette verité dans Loüis VII. qui fut preferé à Robert son frere, pour la Couronne. Ce Prince avoit fait ses études au Cloître N. D. à Paris. Il ne put se perfectionner dans la Litterature; mais il aima les gens de Lettres, & on crut le pouvoir comparer aux anciens Philosophes. (a)

Les traductions en langue vulgaire n'étoient pas alors fort communes, Mais il y en eut certainement, & j'en parlerai plus bas. Elles furent d'autant plus necessaires au douziéme siécle que les plus celebres écrivains du même temps, se piquérent d'écrire en bon Latin. Cette remarque sur la belle Latinité de ce siécle, vient de Du Boulay: il l'a fait à l'occasion des écrits de Gautier de Mortagne; mais on peut l'étendre tant sur Jean de Sarisbery, que sur Pierre de Blois, Arnoul de Lisieux & plusieurs autres. On ne peut au moins s'empêcher de croire que ces deux

Du Boulay.

Duchesne. t. 4. p. 447.

Hist. Univ. Parif. t. 2. p. 185.

Quelques uns disent que Thibaud le grand, Comte de Champagne, mort en 1154 ne sçût pas le Latin. *Liron Bibl. Chartr p. 6.*

B

derniers étoient perſuadez aux ſujet des Lettres qu'ils avoient adreſſées en latin à divers particuliers, qu'elles étoient aſſez bien écrites pour être propoſées pour modéle aux étudians, & mériter qu'on en fit des recuëils. Les citations des anciens Payens ſe trouverent abondamment dans les Lettres & autres ouvrages des écrivains de ce genre, parce que leur deſſein étoit d'inſtruire. Les ſentences des anciens y ſont ſouvent rebattuës, qne je croi pouvoir leur attribuer ce que Bernard de Chartres avoit dit au commencement de ce fiécle là, qu'avec toute la ſcience *Sarisb.* qu'on avoit alors, on n'étoit que *in Me-* comme des nains montez ſur les *talog.* épaules des géans; c'eſt-à-dire, qu'on ne paroiſſoit ſçavant que par la ſcience d'autrui.

Si ce fût par un effet du mauvais goût, qu'on entaſſoit ainſi les autoritez des anciens, on peut dire que le XII. fiécle ne fut pas exempt de ce défaut. Auſſi eſt-il vrai qu'un ce- *Sarisb.* lebre écrivain ſe vit obligé d'uſer *Metalog* d'excuſes, ſur ce qu'il avoit quelque- *Bib. 3. in* fois cité les modernes. Il blâma *Præf.*

ceux qui rejettoient les nouveaux
Auteurs, précifement parce qu'ils
étoient nouveaux , & qui ne ci-
toient les anciens qu'à raifon de leur
antiquité : Il déclare franchement
qu'il n'étoit pas du nombre de ceux
qui haïffoient les bonnes productions
de leur fiécle, & qui refufoient de
tranfmettre à la pofterité les pen-
fées de leurs contemporains.

Mais cet attachement pour les anciens , ne fut pas de durée. Si les
plaintes d'Etienne de Tournay font
véritables, ce fiécle à mefure qu'il
approcha de fa fin , vit ceffer la
noble émulation qui y avoit regné
au commencement & vers le milieu.
Il écrivit au Pape qu'en France les
Arts Liberaux commençoient à dé-
choir de leur fplendeur, parce que
ce n'étoit plus que de jeunes gens qui
fe méloient d'enfeigner, & qu'on
voyoit la fubtilité fucceder à la fo-
lidité.

Il eft vrai que la jaloufie excita
des envieux qui traiterent les gens
ftudieux, les bons Grammairiens ,
les fçavans Rhetoriciens , & les
Dialecticiens exacts de bœufs d'A-

c. ann
1203.

B ij

braham & d'ânes de Balaam. Tel
étoit le langage de ces amateurs de
de l'ancienne barbarie, que Jean
de Sarisbery dépeint sous le nom de
Cornificiens, mais aussi il n'est pas
moins véritable qu'on cessa alors de
profiter des sages avis de ce même
Docteur. « Qui peut douter, disoit
Policrat ce sçavant du premier ordre : « qu'il
l. 7. c. 9. » ne faille lire les Poëtes, les Histo-
» riens, les Orateurs & les Mathe-
» maticiens ? puisque sans cette lec-
» ture on ne peut devenir lettré. (a)
» Car ajoûte-t-il, ceux qui ne sont
» point versez dans ces sortes d'ou-
» vrages ne peuvent passer pour des
» gens-lettrés, quoiqu'il sçachent le
Epist.18 » latin. » Aussi Philippe Harveng,
ad Ri- Abbe de Bonne-Esperance, écri-
cher. vant aux Etudians de Paris, leur
marqua t-il en ces termes son estime
envers les Ecoliers studieux; *Qui*
plus amant scolas quàm nundinas ,

(a) Si cet Ecrivain eût connu Baudouin Comte de Ghisnes, il en eut fait un homme lettré, puisque quoiqu'il ne sçût pas le latin, il posseda toute l'Histoire profane par le moyen des Jon-gleurs & Fabliaux : il en apprenoit les singu-laritez aux Ecclesiasti-ques de son Château, & ceux ci lui inspiroient en échange la science des Livres Saints. *Lamb. Ard. C. 66.*

exarant codices quàm calices, scientiam quam pecuniam : laissant par-là à entendre que ce n'étoit pas alors le plus grand nombre. Alain qui fleurissoit dans le temps de cette malheureuse décadence, parloit ainsi des Clercs : *Potiùs dediti gulæ quàm glossæ potiùs colligunt libras quàm legunt libros ; libentiùs intuentur Martham quàm Marcum, malunt legere in salmone quam in Salomone ;* Et il ajoûtoit : » Toute science est main- » tenant avilie, toute lecture lan- » guit, personne n'ouvre plus les » livres. (*)

Le mal ne vint point de ce que Philippe Auguste n'étoit pas un Prince lettré : Car quoiqu'il n'eût pas étudié, il aima toûjours les Sçavans. Quelques ouvrages composez vers le milieu du siécle, quoiqu'à bonne intention, contribuërent à fomenter la paresse. Les extraits des Peres recemment procurez par Pierre Lombard. ; ceux des Canons par Gratien, firent qu'un particulier qui possedoit une Bible avec ces deux volumes, se rendoit lui-même suffisamment habile, sans recourir aux volumes en-

Lib. de art. Prædicat. Etc. 36.

(*) Voyez la Note à la fin du Preliminaire.

Boulay T. 3. p. 109.

tiers confervez dans les Monafteres.
Je ne dis rien du Statut de l'Ordre
de Citeaux, qui deffendoit aux particuliers de compofer aucuns livres,
fans en avoir obtenu la permiffion
du Chapitre General. On eft obligé
d'avoüer que cette formalité n'engageoit pas beaucoup à l'étude des
Belles-lettres. Il y eût cependant des
Cifterciens qui compoferent quelques
ouvrages fans faire cette foûmiffion,
comme on verra ci-après à l'article
de la Poëfie : Et un grand nombre
compoferent de nouveaux livres de
plufieurs fortes avec l'agrément des
Superieurs. Mais on s'appercevoit
que l'envie d'écrire n'étoit plus fi
vive dans tous les corps; ni même
le défir de la lecture. Il femble que
la naiffance des Ordres Mendians
fut l'époque de l'indifference qui
commença à s'appercevoir dans les
anciens Ordres à l'égard de la Litterature. Elle fut fi grande qu'un
General des Dominiquains, gemif-
foit de voir qu'ils euffent plus de foin
des bâtimens, que de leurs livres ;
que chez quelques-uns on prefervât
le fromage des dents des fouris, les

Exordi-
um
Magn.
Cifterc
lib. 3.
s. 8.

Humb.
de Rom.
inExpof
Reg. S.
Auguft
p. 14. t.
25. *Bib.*
PP.

pommes & les poires de la pourri-
ture, les habits de la teigne ; & que
les livres traînaffent couverts de
poufsiere. Cependant, ajoûte-t-il,
cela n'étoit pas general ; car un jour
quelques Religieux prefenterent au
Roy Loüis (il ne dit pas lequel)
des livres très-bien conditionnez, &
ce Prince leur répondit : *Qu'il eut
mieux valu qu'ils fuffent plus gâtez
qu'ils ne l'étoient,* voulant marquer
par-là qu'ils ne les avoient gueres
ouvert. C'eft ainfi qu'on étoit expofé
à la critique, foit que les livres fuffent confervez en bon état, ou non.

Si les cloîtres des anciens Moines,
cefferent alors d'être l'azile des Belles-lettres, la Ville de Paris fçût
profiter de cette décadence. Les études après une legere éclypfe s'y re-
leverent un peu. Les Anglois en
grand nombre quitterent leur Ifle &
vinrent s'y retirer. Leur Roy Jean
s'y rendit lui-même en 1201. &
celui qui nous l'apprend, reprefente
Paris comme une Ville *Doctorum
omni fcientiâ præminentium frequen-
tiâ infignem.* Vincent de Beauvais,
dit, qu'on y accouroit de toute

Boulay.
t.3. p.42

Robert.
Antiff.
in Chr.

l'Europe. Richard repete la même chofe. Jean, qui a pris le fur-nom d'Archithrenius, dit, qu'elle étoit, Boulay t.3. p.75 *Philofophis Attica, Libris Græca, Studiis Indica.*

Ce fut vers le commencement du regne de Saint Loüis, que les études y ayant pris une nouvelle face, on commença auffi à fe fervir du terme d'*Univerfité*, & lorfqu'on faifoit l'énumeration des differentes fciences, à mettre la Theologie la premiere, quoique ce fut celle qu'on enfeignoit la derniere. Plus d'un Pape comblerent d'éloges cette Univerfi-té, & fur-tout Alexandre IV. (a) On ne peut lire l'Hiftoire de Saint Loüis ou les Chroniques du XIII. fiécle, fans y voir l'eftime qu'il fit de l'Univerfité de Paris, dont-il regardoit la fcience comme un nerf de l'état. Les differentes difputes arrivées fous fon regne entre les Citoyens de Paris & les Etudians, firent regarder par Nangis fon Hif-torien, la fcience comme une portion de la Fleur-de-Lis, qui formoit Nangis ad an 1250.

les

- (a) *Parifius peritiæ finus, Parentis finu* | *partus. fcientiarum.* Boulay t. 3. p. 33 ..

les armes du Royaume. L'Univerſité fut augmentée ſous le même regne
par le College des Ciſterciens &
par celui des Prémontrés , dont les
Ordres reprenant le gout de l'étude
profiterent de la bonne volonté du
Prince.

Ces ordres envoyerent leurs éleves étudier à Paris dans un tems où
la latinité retomba dans un eſpece de
décadence. Les longues diſputes
que le corps de l'Univerſité eut avec
les Ordres Mandians firent enfanter
des écrits dont le langage paroît aujourd'hui inſuportable : Et à peine
étoit-on un peu au-delà du milieu du
treiziéme ſiécle , que les Doǎeurs
en Théologie les plus renommés, tels
que Robert de Sorbone s'exprime-
rent dans leurs Sermons latins auſſi ſimplement & fadement que l'ont
fait depuis les Barlette & les Menot.
(a) Ces tems de troubles dans le lieu
où les études eſſent dû être les plus
floriſſantes du Royaume , obligerent
l'Evêque Etienne Tempier de join-

(a) Clement V. crut cependant qu'on pour-roit dire de Guillaume de Saint Amour ce que Feſtus avoit dit de Saint Paul. *Te multæ litteræ faciunt inſanire.* Epiſt. ad Guill. an 1266.

Ex MS.
Sorbonæ
Echard
T. 1. p.
250.
Sermone
ad S.
Anton.
in die
Sti Mar-
ci circà
1273.

dre aux articles , pour lesquels il jugeoit les prieres néceffaires, *pro ftatu
ftudii Parifienfis.* S. Bonaventure fit
les mêmes exhortations aux Peuples
dans fes Sermons ; *præcipuè*, difoit-
il , *pro ftudio Parifienfi quod modò cef-
fat* ; ajoûtant que c'étoit le Diable
qui caufoit ce mal pour fomenter
l'ignorance. Robert de Sorbone em-
porté par fon zéle avoit dit quelques
années auparavant : *A quoi fert l'étude de Prifcien, d'Ariftote, de Juftinien,
de Gratien, de Galien ?* Exclamation
par laquelle il nous apprend les Auteurs qu'on enfeignoit alors à Paris
& dont il méprifoit l'étude. Mais
tous les membres de l'Univerfité
n'entrerent point dans fon fens, principalement Albert le Grand , qui devint un prodige en toutes fortes de
Sciences, s'il en faut croire quelques
Anciens. (a)

Les troubles élevés dans l'Univerfité de Paris dès l'an 1229. furent
avantageux à d'autres Villes de
la Province. Dès le Pontificat d'In-

---

(2) La Chronique Belgique le qualifie ainfi, *Magnus in Ma-gia, Major in Philofophia, & maximus in Theologia.*

nocent III. il y avoit eu des études
en quelques petites Villes où Guillaume de Seignelay Evêque d'Auxerre se plaignoit à ce Pape que ses
jeunes Chanoines alloient étudier
par préference aux grandes Villes.
Mais on n'en avoit pas encore vû de
semblables à celle de Toulouse. On
y établit alors l'étude du Droit & de
la Théologie, outre celle des Arts.
Deux Professeurs furent destinés
pour la Théologie, deux autres pour
le Droit & six autres pour les Arts
Liberaux ; le Comte Raymond leur
attribua à tous des appointemens.

Pendant ce tems-là, l'abus qui
avoit pris naissance à Paris passa aussi
de cette Ville dans les autres. Les
Arts Liberaux furent ce qu'on cultiva le moins ; & on leur préfera les
Sciences lucratives telles que le
Droit & la Medecine.

Il y a aussi apparence que les études fleurirent à Orleans chez les Dominiquains, puisque S. Richard Evêque de Cicestre mort en 1253. y
avoit étudié. Et où n'auroient-elles
pas été florissantes, si les Maîtres
avoient ressemblé à ceux du regne de

Loüis le Gros & de Loüis le Jeune;
puifque jamais on ne vit ériger plus
de Colléges foit à Paris, foit dans
les Villes de Province, que dans le
treiziéme fiécle.

L'Univerfité de Montpellier eut
auffi fon origine fur la fin du même
fiécle; c'eft-à-dire en 1289. quoique long-tems auparavant on y enfeignât la Médecine.

Depuis cette multiplication de
Colléges, & l'établiffement des dégrés, on ne vit plus offrir d'enfans
dans les Monafteres pour y étudier.
S'il y en eut, ce fut chez les Dominiquains, &c. Mais le Clergé n'en
étoit pas plus fçavant dans certains
cantons du Royaume. Il femble que
parce que Philippe le Hardy n'étoit
pas lettré, il n'y eut rien qui excitât
à cultiver les Sciences. On s'apperçoit de plus en plus fous fon regne
& fous le fuivant, de l'affoibliffement
de la Latinité. Le ftyle de celui qui
a redigé fa vie eft même inferieur à
celui des vies de faint Loüis. Sous
Philippe le Bel, Guillaume le Maire
Evêque d'Angers fe plaignoit de ce
que fes Eçclefiaftiques n'avoient pas

Duches-
ne. t. 5.
P. 549.

Spicil. t.
10. P.
332.

le tems d'étudier, à cause des troubles qu'on leur causoit dans la joüis-
sance de leur temporel. Ailleurs il
ne rougit point de dire qu'un grand
nombre de ses Prêtres étoient *rudes*,
idiotæ, *illiterati* ; & il déclare qu'il
n'en ordonnera plus, s'ils ne sçavent
au moins suffisamment leur Grammaire. Il avertit même les Abbés, qu'a-
vant que d'envoyer leurs Moines aux
Ordres, il les pourvoyent de maîtres
qui les instruisent, & il ne fait mention que de la science Grammati-
cale.

Après avoir parlé en general de
l'état des études & des sciences en
France depuis la mort du Roy Robert jusqu'à celle de Philippe le Bel,
je crois devoir maintenant prendre
chacune de ces sciences en particulier. Je commencerai par la connoissance des langues ; après quoi je dirai
un mot sur les traductions en langue
vulgaire qui ont une liaison nécessaire avec la connoissance des langues
mortes. Je viendrai ensuite à la
Grammaire, & à la Poëtique qui lui
est liée, & je parcourrerai les autres
Arts liberaux selon l'ordre qu'on leur

C iij

donnoit alors. Je continuerai par la Théologie, la science de l'Histoire & la critique : Il y aura quelque chose sur la Géographie, un peu plus sur la Physique. La Médecine suivra ; & après avoir parlé de la science du Droit, je finirai cet écrit par quelques courtes remarques sur les Arts.

Le Lecteur rapportera la note suivante à la page 21. ci-dessus.

Un sçavant Moine de St. Martial de Limoges qui paroît avoir écrit sur la fin du Regne de Philipe Auguste mit en chant une espece de complainte sur la décadence des lettres. Son manuscrit est le 303. du catalogue de ceux de saint Martial qui sont à la Bibliotheque du Roy. C'est à la fin du volume. Ce chant commence ainsi.

Orbis aplustre fran-
    gitur,
Et cornu suo mutila
Scriptura pati cogitur,
Erroris in se nubila,
Lucerna verbi moritur,
Implumis facta labitur
Supernæ laudis aquila.
	Rarus aut nullus hodiè
	Libris impendit ope-
	    ram,
	Hinc velut ignorantiæ
	Fumus obducit litte-
	    ram,
	Hærent in superficie
	Dare conantes impiè
	De Virgine puerperam.

CONNOISSANCE DES LANGUES.

L E tems qui s'écoula dans l'onziéme fiécle depuis la mort du Roy Robert, ne fut point fi dépourvû de fçavans, qu'il n'y en eût en France qui fçuffent les Langues. Un nommé Sigon élevé à Chartres & depuis fait Abbé de Saint-Florent de Saumur fçût l'Hebreu & le Grec. Sigebert de Gemblours appellé à Mets pour y enfeigner, étoit aimé des Juifs comme des Chrétiens de cette Ville, parce qu'il fçavoit l'Hebreu. On trouve pareillement que Thiotfrid Abbé d'Epternach étoit inftruit dans l'Hebreu & dans le Grec. Cependant il n'eft pas certain que toutes les connoiffances de ces fçavans fuffent bien profondes, ni qu'ils en fçuffent même toutes les racines : Car l'Ecrivain de la vie de faint Yfarn Abbé de Saint-Victor de Marfeille qui vivoit alors, tiroit de la Langue Hebraïque des noms, qui certainement n'en venoient pas.

Le douziéme fiécle ne fournit gueres davantage de preuves de la con-

Ann. Bened. t. 4. pag. 55. ad an 1055. Ibid. p. 136. ad an 1078.

Ibid. ad an. 1078.

Ce S. mourut en 1048.

noiſſance des Langues. Nous n'en avons que deux ou trois exemples. Le premier, eſt d'Abailard & d'Heloïſe qui eſt trop connu pour qu'on s'y arrête. André Chanoine de ſaint Victor de Paris forma des Diſciples qui voulurent rafiner ſur le mot Hebreu *Almah* de la Prophétie d'Iſaïe *Ecce virgo concipiet*, & Richard de la même Abbaye les refuta. Si le catalogue des Manuſcrits de Flandres a été exactement donné par Sanderus, Odon Abbé de ſaint Martin de Tournay avoit fait écrire le Pſeautier traduit de deſſus l'Hebreu & le Grec. Jean de Sarisbery Evêque de Chartres cite ſi ſouvent du Grec dans ſes ouvrages, qu'on ne peut nier qu'il ne le ſçût. Guillaume Moine de Saint-Denis étoit habile dans le Grec. Ayant étudié ſingulierement la Médecine & voyagé à Conſtantinople, il en rapporta des ouvrages Grecs traduits par lui-même en Latin (a); & un autre perſonnage nommé Jean Sarraſin traduiſit auſſi alors de Grec

Pag. 92.

Ex chronico brevi S. Dion. ad an. 1167.

(a) Eloge de ſaint Denis par Michel Syncelle.

en Latin le livre *de Divinis nomini-* *Hist. de S. Denis pag.* 20.
bus qu'il soumit aux lumieres du mê-
me Guillaume.

Si l'on n'eut pas plus cultivé le
Grec dans les autres Ordres Monas-
tiques, que l'on faisoit dans celui de
Citeaux, l'on n'eut point vû naître *Rigord. de error. Almari-ci.*
alors en France les Hérésies qui pro-
vinrent de la traduction des ouvrages
d'Aristote. Car en cet ordre tout
nouvellement fondé, on ne se pic-
qua pas beaucoup d'étudier les Langues sçavantes ni les Langues orientales. L'Abbé Etienne, troisiéme
General, fut obligé d'avoir recours *Ann. Be-ned. t.* 5. *p.* 241. *ad an.* 1134. *Stat. cap. gend an* 1198. *tom.* 4. *Thes. anecdot. col.* 1252.
à des Juifs vers l'an 1105. pour cor-
riger l'ancien Testament d'une Bible
qui venoit d'être écrite. Sur la fin
du même siécle, le Chapitre General ordonna que l'on punit un Moine
qui avoit appris d'un Juif à connoître les caracteres Hebraïques. Il ne
se trouve aucune preuve que l'on fût
si scrupuleux dans l'Ordre de Cluny
à l'égard du Grec & de l'Hebreu.
Mais on sçait, que Pierre le Venera- *An. Be-ned. t.* 6. *p.* 343. *ad an.* 1141.
ble Abbé General de cet Ordre n'a-
yant personne parmi ses Religieux
qui sçût l'Arabe, & voulant avoir une

traduction de l'Alcoran, pour le refuter, employa pour cela un Espagnol.

Il semble que dans le siécle suivant, les Ordres Mendians, & surtout celui des Jacobins firent renaître le desir de sçavoir les Langues orientales. Les Missions & les Croisades ausquelles ils furent employés en furent l'occasion ; & il est à croire que la conquête de Constantinople par les François n'y contribua pas peu , & que l'envoy de plusieurs jeunes Grecs à Paris par Baudoüin nouvel Empereur de Constantinople pour y cultiver les Sciences, inspira la connoissance reciproque des deux Langues. Humbert de Romans General des Dominiquains écrivoit vers le milieu de ce siécle à ceux de son Ordre, que si quelqu'un d'entre eux se trouvoit disposé à apprendre la langue Arabe, l'Hebraïque, la Grecque & toute autre langue etrangere pour aller prêcher la foy en Orient, il le lui fit sçavoir. Ce secours fut nécessaire pour les voyages de saint Loüis en Afrique par rapport aux lettres que le Roy de Tartarie lui

envoya en 1249. Elles étoient com-
pofées en langage Perfan, &écrites en
caracteres Arabes. Ce Dominiquain
les mit en Latin.

Auffi vit-on depuis le milieu de ce
fiécle plufieurs ouvrages d'Ariftote
traduits par des Dominiquains ; fes
livres de Morale furent mis en Latin
par Henry Kosbein de Brabant à la
priere de faint Thomas ; d'où en
paffant l'on doit conclurre que ce
grand Théologien ignoroit le Grec.
Geoffroy de Vaterford autre Jacobin s'étant propofé de mettre en
François le livre de ce Philofophe, *de
Regimine Principum* , s'apperçut que
la traduction faite du Grec en Arabe
fur laquelle il travailla n'étoit pas
exacte. Enfin , nous voyons , que
dans le même Ordre on traduifit vers
l'an 1298. les ouvrages de faint
Thomas de Latin en Grec. Guillaume Bernard de Gaillac au Diocèfe
d'Albi entreprit cet ouvrage.

Le Clergé féculier du treiziéme
fiécle cultiva auffi la fcience des langues. Robert Groffe-tête qui avoit
étudié à Paris avant que d'être élevé
fur le fiége de Lincolne en Angleter-

re poſſeda, outre le Latin, les langues Hebraïque & Grecque, & travailla en conſequence (ª). Mais on vit l'inclination pour les langues ſe manifeſter toujours davantage dans l'Ordre de ſaint Dominique, quoique ceux qui le compoſoient ne fuſſent pas les ſeuls interprêtes qu'on employât : On dit de Philippe le Hardi fils de S. Loüis, que ce Roy ayant beſoin dans ſes armées d'avoir l'intelligence de l'Arabe, ſe ſervit d'un Soldat qui étoit dans ſes troupes.

Deux lettres du celebre Raymond Lulle durent exciter en France le zéle pour la ſcience des Langues. Ce ſçavant Eſpagnol écrivit à Philippe le Bel, qu'il ſeroit très-avantageux à la Religion Chrétienne, qu'il bâtit & dotât une ou pluſieurs maiſons où l'on enſeignât les Langues des Infidéles, afin d'avoir des Prédicateurs qui allaſſent les inſtruire ; & qu'il ſeroit convenable que ce fût à Paris où ces exercices commençaſſent. Il écrivit pour le même ſujet à l'Univerſité de Paris, marquant entre autre les

(ª) Robert mourut en 1257.

langues Arabes, Tartare & Grecque, expofant combien il lui feroit
glorieux que ce fût d'elle que fortît
la lumiere de la verité ; & il exhorta ceux qui la compofoient, de pref-
fer le Roy fur cet établiffement.
Nous ignorons quelle en fut l'if-
fuë.

TRADUCTIONS EN LANGUE
VULGAIRE.

SI la connoiffance de la langue
Grecque & des langues Orientales ne fut pas fi commune en France
qu'il eut été à fouhaiter durant les
trois fiécles dont je parle, la Latine
en récompenfe fut fçûë par un plus
grand nombre de perfonnes. Suger *Sugerii*
entre autres poffedoit fi bien cette *vita.*
langue, que quand il s'en fervoit,
on auroit dit qu'il lifoit, tant il la
parloit vîte. Ceux qui en étoient le
plus inftruits ; entreprirent de mettre en langue vulgaire plufieurs ouvrages des Anciens. Les traductions
qui ne faifoient que de naître, commencerent à fe multiplier : Et je ne
fçai, fi je dois plus loüer le travail de

ceux qui les entreprirent , que le défir de l'inftruction dans ceux qui les
demanderent. Quoiqu'il en foit , il
m'a paru que ce fut dans les Pays-bas
qu'elles eurent leur origine , parce
que le langage vulgaire y étoit plus
éloigné du Latin , que dans les parties méridionales du Royaume , &
que ces pays furent plûtôt remplis
d'étrangers venus du Nord. Les traductions faites en Normandie au XI.
Siécle confiftoient en quelques Vies
de Saints qu'un Poëte mit en vers
vulgaires. Je dois en parler à l'arti-
Bibl. cle de la Poëfie. On montre en quel-
Francif- ques Bibliotheques de Paris , des tra-
canor. ductions des livres des Roys , du livre de Job & des Dialogues de faint
Gregoire qui reffentent pareillement
la fin du XI. Siécle ou le commencement du XII. D'où il faut conclurre,que Genebrard s'eft trompé quand
il a écrit dans fa Chronique , qu'aucun livre n'avoit paru dans le Royaume en langue Françoife avant le re-
Lam- gne de Philippe Augufte. Un Com-
bert.Ar- te de Guines qui n'étoit point verfé
drenf.in dans le Latin fit faire au XII. fiécle
Chron. une infinité de traductions , non-feu-

lement d'ouvrages de pieté & d'Hiftoire; mais encore de Phyfique. Landry *de Vallanio*, un nommé Godefroy & Simon de Boulogne furent les Sçavans dont il fe fervit. La traduction du Lapidaire de Marbode de Rennes eft d'une antiquité fi reculée qu'elle pourroit être de l'un de ces Auteurs.

Au treiziéme fiécle on revint à l'ufage primitif de mettre en vers ce qu'on traduifoit : Cependant ce ne fut pas fans exception. De là fe formerent tous ces pieux Romans, toutes ces vies des Saints en ftile de Tragedie que l'on qualifia du nom de *Myftères.* On trouve à la Biblioteque du Roy le Droit Canon & Civil en François d'un caractere du XIII. Siécle : Ce qui prouve que du Boulay ne nous a pas trompé, en marquant qu'il en avoit vû des Tomes dédiés à Philippe Augufte.

On ne fut pas heureux pour le choix des livres de notre Hiftoire. Au lieu de faire traduire Gregoire de Tours ou Aimoin, on s'attacha aux Fables de Turpin. Ce que j'ai trouvé de meilleur en ce genre eft

Hift. Univerf. Par. t. 2. p. 518.

Cod. S. Cornel. Comp. 65. *& in Bibl. Colleg. Navar.*

une traduction de l'Histoire de Richard Duc de Normandie. Je ne m'é-
tend point sur le livre du Trésor,
composé par Brunetti Italien retiré
en France sous le regne de S. Loüis,
sçachant qu'il en est parlé amplement
dans les Memoires de l'Academie.
Le même regne vit traduire, & ensuite mettre en vers françois le livre de Guillaume de Saint-Amour,
De periculis novissimorum temporum.
On sera peut-être surpris de me voir
mettre S. Loüis au rang des Traduc-
teurs. Un de ses Historiens a remarqué que lorsqu'il lisoit en présence
de quelques-uns de ses familiers qui
n'entendoient pas le Latin, il leur
traduisoit les phrases en François à
mesure qu'il lisoit, afin qu'ils en pro-
fitassent. Un peu plus avant dans ce
siécle, l'Histoire Sacrée fut traduite
en prose françoise par Guiard des
Moulins, Chanoine d'Aire en Artois,
sur l'extrait qu'en avoit fait en Latin Pierre le Mangeur Doyen de
Troyes. Un Jacobin nommé Laurent,
Confesseur du Roy Philippe le Hardy qui ignoroit le Latin, traduisit
en 1279. les Epitres & Evangiles

de

Tom. 7.
p. 295.

Hist.
Univ.
Parif. t.
3.p.348.
352.
Geoffroy
de Beau-
lieu cap.
23.

de tout le Missel : Et ce volume fut appellé pour cette raison, *La somme le Roy.* La Regle de S. Benoît trouva aussi un Traducteur. Elle étoit ordinairement suivie de quelques Histoires pieuses mises dans le même langage, (a) & cela pour l'instruction des Freres Lays & des Religieuses. La traduction du livre *de Regimine Principum* fut faite presque aussi-tôt que le livre parut : Elle fut offerte à Philippe le Bel au commencement de son regne par Henri de Gand, célebre Ecrivain Flamand. (b)

Au reste, quoiqu'il y eût de l'utilité à esperer dans les traductions, il y avoit aussi des abus à craindre. C'est pour cette raison, qu: la traduction du Cantique des Cantiques qu'on avoit trouvé à l'Abbaye de Chaalis, & qui pouvoit être la même que le Comte de Guines avoit fait faire, fut aussi-tôt arrêtée. Le Chapitre General de Citeaux de l'an

(a) Par exemple le Roman de Monseigneur Tiebauz de Mailly: *Cod. B. Mariæ Parif.* 1. 6. *in* 4.

(b) On avoit lû jusqu'ici *Henri de Ganchis* après de mauvais exemplaires, mais le Manuscrit de M. le Chancelier très-bien conditionné, porte *Henri de Gand,* qui vivoit en effet alors,

D

Thef.
anecd.t.
4. col.
1294.
1200. ordonna aux Abbés d'Or-
camp & de Cercamp de fe tranfpor-
ter à Chaalis, & de jetter au feu les
exemplaires qu'ils y trouveroient.
Ce fut fans doute pour les mêmes in-
conveniens qu'on craignoit dans
Ibid.col.
1683. l'Ordre de Citeaux, que le Chapitre
General des Dominiquains de l'an
1242. fit défenfe aux Confeffeurs
de Religieufes de traduire en François, aucuns Sermons, aucunes Conferences ni autres ouvrages.

ETAT DE LA GRAMMAIRE
& de la Poëtique.

I. DE LA GRAMMAIRE.

CE que je viens de dire des Langues n'eft qu'un préliminaire à
ce qu'il faut remarquer fur la Grammaire dans les trois fiécles qui font à
examiner. Le Latin n'étoit plus depuis long-tems la langue Vulgaire;
il falloit des Gloffaires ou des Dic-
tionnaires, & des Regles pour entendre les Auteurs Latins, & pour
pouvoir les imiter, foit en Profe
foit en Vers. La Grammaire eft donc

le premier article que j'ai à difcuter, des trois qui compofent ce fameux TRIVIUM (a) fans lequel on ne pouvoit devenir vrai fçavant. C'étoit l'ex- preffion dont on fe fervoit alors ; elle avoit le premier rang, parce qu'elle enfeignoit les principes d'une Langue fans laquelle, felon Philippe, Abbé de Bonne-Efperance, quand même on auroit fçû toutes les Langues vul- gaires, on ne pouvoit paffer que pour des ignorans : *Ita ut fi cuilibet Vulgares linguæ præfto fint cæteræ, non Latina, ipfius pace dixerim, hebetudo cum teneat afinina.*

Il paroît que dans l'onziéme fié- cle, perfonne ne contefta à la Gram- maire le droit de primer dans le rang des Arts Liberaux : Ce ne fut que dans le douziéme, que quelques Maîtres s'aviferent d'enfeigner cer-

(a) Dès le VII. fié- cle S. Braule Evêque de Sarragoce fe fervit des termes de *Trivium* & de *Quadrivium* dans le fens qu'on lui donna depuis. Conrad Moine de S. Gal, quelques fiécles après entendit par le *Trivium* la Grammaire, la Logique ou Dialecti- que, & la Rhétorique : ce qui a été fuivi par Jean de Genes, Rigord &c. On verra plus bas que c'étoit un des plus grands éloges qu'on pût faire d'Abailard, que de le qualifier char- gé des Sciences du *Tri- vium* & du *Quadri- vium.*

taines chofes de la Logique, de la
Morale, de l'Aftronomie & de la
Phyfique avant la Grammaire. (a)
Jean de Sarisbery parla ainfi de ceux
qui méprifoient cette étude : *Contem-*
ptor Grammaticas non modo litterator,
non eft fed nec litteratus dici debet.
Pierre de Blois blâma fort ceux qui
renverfoient l'ordre des études, &
il difoit d'eux qu'ils ufoient d'une
pernicieufe fubtilité, parce qu'il étoit
plus à propos d'inftruire les jeunes
gens fur les regles de la langue & fur
les défauts à éviter, comme avoient
fait Donat, Servien, Prifcien, Caf-
fiodore, Ifidore & Bede.

Ce fut dans la vuë de faciliter l'intelligence des anciens Auteurs Latins que Papias rédigea fon Elemen-
taire vers l'an 1053. En même
tems qu'on en faifoit des copies
en France, Herodien y étoit auffi
fort eftimé. Ces ouvrages dûrent
être fort utiles aux écoliers de
Radulfe de Saint-Tron qui enfeignoit à compofer en Profe & en Vers
des enfans qu'il trouva n'être encore

Meta-
log. l. 1.
cap. 24.
Ep. 101.
ad R.
Archid.
Nannet.

Alberic
Chron.
Orderic
vital ad
an 1069.

(a) Jean de Sarisbe-
ry *Metalogic.* 3. dit des
Cornificiens que parmi
eux, *innovabatur Gram-*
matica.

qu'à *musa*, vû que ces enfans ne sça-
voient parler ni Wallon ni Latin. Il est
certain que Priscien étoit alors & dans
le siécle suivant, l'Auteur le plus familier chez les Grammairiens, & y est em-
qu'on l'enseignoit encore en 1215,
& même en 1254. Il y avoit le petit
Priscien pour les commençans, &
le grand pour ceux qui étoient plus
avancés. Le Statut du Cardinal Robert de Corceon en fait foy. Cependant comme à Orleans on se servoit
dans l'onziéme siécle des expositions
de Remi d'Auxerre sur Priscien, il
est à croire que la même chose s'ob-
serva aussi ailleurs. Emon depuis
Abbé de l'Ordre de Premontré aux
Pays-Bas, étudiant à Paris & à Orleans au XIIe. siécle, y transcrivit les
deux Priscien, & l'ouvrage d'un
nouveau Grammairien appellé Pierre Helie (a). Guibert de Nogent assûre que vers l'an 1130. l'étude de
la Grammaire étoit dans une grande
ferveur & qu'il y en avoit des écoles
sans nombre.

Les préceptes étoient écrits en

Chron. S. Trudon in Spicileg. Le mot de musa & y est employé, Hist. Univ. Parif. t. 3. p. 82. Ex add. adEpist. Petri Blef. Hist. Universf. Parif. tom. 2. p. 23. Script. Prœmonst. P. Hugo Prœmonstr. Prœmio Ce 'or. Dei per Francos. Cumpaf- fin vi- deamus); fervere Gram- maticam-

(a) Ce Pierre Helie | Moine de S. Martial de
me paroît avoir été un | Limoges.

Profe & non en Vers, comme ils le furent depuis, quoique quelques anciens les euffent redigés autrefois en ce genre. Un certain Maximien fe fit *Teren-* entrée dans les Ecoles : Mais au rap-*tianus* port d'Alexandre de Ville-Dieu, fon *Maurus* ouvrage ne contenoit que des minu-*& Pho-* ties & des bagatelles. C'eft peut-*cas.* être ce recuëil qu'Alain a eu en vûë, *Nuga.* lorfque faifant la defcription de la Grammaire de fon tems, il dit par exemple qu'on lifoit dans les livres de cet art, pour quelle raifon la let-*In Anti-* tre H n'étoit pas une lettre, quoi-*claudia-* qu'elle fut ufitée dans l'écriture & *no, pag.* qu'elle eût un nom particulier. Quoi-*343.* qu'il en foit, cet Alexandre de Ville-Dieu de l'Ordre des Francifcains, bas Breton ou Normand (a) compofa en Vers Hexametres Leonins, dès-le commencement du Regne de S. Loüis, un livre de Grammaire, intitulé *Doctrinale.* Ce n'étoit autre chofe que les Regles tirées de la Profe de Prifcien. Ebrard de Bethune en Artois l'avoit précedé de quelques

---

(a) Dans un manuf-crit de la Biblioteque du Roy il a pour titre | *Gloff. Alexandri de Vil-la-Dei in Neuftria.*

années, puisque dès la fin du Regne de Philippe Auguste il avoit donné aussi en Vers Latins les Regles de la Grammaire dans un ouvrage qu'il jugea à propos d'intituler *Græcismus.* Il fut suivi de quelques particuliers de l'Ordre de St. Dominique. Albert le grand donna en son temps une exposition sur Priscien, & Guillaume de Tournay autre Dominiquain, fit en 1275. un Traité intitulé, *de modo docendi pueros*, qu'on peut voir parmi les Manuscrits de Sorbone.

Oudin t. 3. pag. 37.

Echard t. I. pag. 181.

Cod. in 4°. num. 1077.

Je ne repeterai point ce que j'ai dit dans mes Préliminaires touchant l'ignorance en fait de Grammaire, qui régnoit parmi les Ecclesiastiques & les Moines de l'Anjou à la fin du XIIIe. siécle. Je ferai seulement observer que suivant les apparences on trouveroit de pareils témoignages sur les autres Provinces, si les monumens qui marquoient le zéle des Evêques & autres Superieurs étoient parvenus jusqu'à nous. Les Toulousains, par exemple, apprendroient par les Statuts du Legat appuyés de l'autorité de Raymond Comte de Toulouse, que la raison pour la-

quelle on ordonna que dans tous les
Monasteres, les Abbés, Prieurs &
Prévots, auroient un Maître de
Grammaire ou Moine ou Clerc Se-
culier, pour enseigner la Grammaire aux jeunes Religieux & autres,
fut parce que l'ignorance y étoit extrême : *Cæcitas ignorantiæ in partibus
istis nimium prævaluit.* Vers le même tems Maurice Archevêque de
Roüen, envoyant à ses Doyens ru-
raux des lettres d'interdit sur son
Diocése, composées en latin, leur re-
commande de les expliquer en François à tous les Prêtres, & même deux
& trois fois s'il étoit besoin. Tous
les Monasteres du Royaume ne suivirent point l'exemple de la Province de Toulouse, quoique l'ignorance y fût peut-être égale, il n'y avoit
pas pour cela un Maître de Grammaire dans chacun. Le troisiéme
Canon d'un Concile de Mâcon de
l'an 1286. porte une défense aux
Abbés & Prieurs de laisser sortir
hors de leur Monastere les Religieux pour aller aux études, si ce
n'est ceux qui auront besoin d'aller
apprendre la Grammaire. On con-
clud

Stat. an-
ni 1230.
Duchê-
ne t. 5.
p. 819.

Spicil. t.
2. pag.
528. &
321.

clud de là naturellement que les jeunes Moines alloient alors à l'école
hors de chez eux, au moins dans ces
Cantons-là.

On voit dans Matthieu Paris une
des raifons pour laquelle la Grammaire étoit fi fort negligée vers l'an
1250. C'eft qu'on s'attachoit plus à
l'étude de la Jurifprudence qui étoit *Hift.*
plus utile à ceux qui s'y livroient. *Univ. Par. t.*
C'étoit un emploi fort honorable que *3. pag. 265.*
d'enfeigner la Grammaire : le langa-
ge de cette Science étoit employé
pour fixer les termes dans les queftions Théologiques les plus abftrai-
tes (a) ; mais l'office de Grammairiens n'étoit pas lucratif.

Quoique la langue Latine fut en-
feignée dans toute fon exactitude au
XII. Siécle, on refta toutefois ef-
clave de l'ufage né quelques fiécles
auparavant de joindre des verbes au
plurier, avec le nom mis au fingulier *Vos ef-*
lorfqu'on vouloit parler avec un cer- *tis crea-*
tain refpect. Je ne fçai fi ce tour ne *tus. Gof-*
fut pas emprunté du langage vulgai- *frid.*
Vind.
lib. 3.
Ep. xj.

(a) Dans la quef-   *ne Deus Divina effen-*
tion qui fut agitée   *tia diceretur ex fenfu*
contre Gilbert de la   *ablativi tantum fed*
Porrée, on défendit   *etiam nominativi.*

Subli-
matum
vos. *Ar-
nulf Le-
xov.Spi-
cil.* t. 2,
p. 486.
*Steph.
Somac.
Epist.*
46.212.

re. Geoffroy de Vendôme, Arnoul de Lisieux & Etienne de Tournay sont pleins de ce langage quoiqu'ils se picquassent d'écrire exactement. Il n'y eut que Pierre de Blois qui écrivant à celui qui étoit nouvelle-ment élu Evêque de Chartres fran-chit le pas, & fit accorder le verbe avec le nombre singulier, disant que l'usage de se servir du plurier en par-lant à un seul homme étoit un men-songe, un discours de flatteur, & bien éloigné de la sincerité des Li-vres Saints. (a)

ETAT DE LA POESIE,

L'Etude de la Poësie, la lecture des anciens Poëtes & l'imitation de leurs ouvrages occuperent aussi ceux qui cultivoient la Grammaire, ou qui après l'avoir cultivée l'ensei-gnoient aux autres & souhaittoient transmettre quelques écrits à la pos-terité. On trouve en effet dans pres-

(a) *Te precor quod per tu & tibi & te scri-bo molestè non feras : pluralis enim locutio quâ uni loquendo men-timur, sermo adulato-rius est, & longè à sa-cro eloquio alienus.*

que tout l'intervalle de tems dont j'ai à traiter autant de Poëtes que d'autres écrivains. Ces Poëtes avoient été formés par des Maîtres qui avoient plus ou moins puisé dans les Auteurs Payens, & qui eurent aussi plus ou moins le talent d'enseigner la bonne versification. Il est donc faux, (quoique M. Dupin l'ait assuré) qu'il n'y ait eu en France aucuns Poëtes dans le reste du onziéme siécle depuis la mort de Fulbert de Chartres arrivée en 1028. trois ans avant celle du Roy Robert. Les ouvrages de Dom Mabillon en font connoître un grand nombre. S'il y en a de manuscrits qui ayent été inconnus à M. Dupin, tels qu'un Fulcoïus de Beauvais, un Gui Evêque d'Amiens (ª), il y en a aussi d'imprimés dans les Collections des Peres Benedictins. Guibert de Nogent qui certainement étudia la Grammaire assez avant dans l'onziéme siécle, nous dit que son maître de Clermont étoit bon Poëte, & ce fut de lui qu'il ap-

Il naquit en 1053.

______

(a) Ce Gui a écrit en vers la guerre d'Angleterre à l'imitation de Virgile & de Papinius. Hist. Univ. Parif. t, 1. pag. 441.

prit à verſifier. Mais ſans m'arrêter
plus long-tems à cette mépriſe; je dois
en continuant mon plan donner une
legere deſcription de l'état de la Poëſie du onziéme, douziéme & treiziéme ſiécle, des progrès qu'elle fit,
& des changemens qui ſuivirent.

Quoique les ſiécles précedens euſſent été très-feconds en Poëtes, il
paroît qu'il y en eut encore davantage dans ceux-cy, & principalement
dans le douziéme. Les uns s'exercerent ſur des ſujets pieux ou compoſerent des éloges, d'autres écrivirent
ſur des matieres indifferentes & pu-
rement hiſtoriques, & d'autres enfin
donnerent dans la Satyre, ou s'exercerent ſur des Fables & ſur des in-
ventions de leur eſprit. S'il y en eut
qui compoſerent de la bonne Poëſie,
il y en eut auſſi qui en publierent de
très-mauvaiſe. Si la Poëſie fut aimée
par quelques uns, elle fut auſſi mé-
priſée par d'autres, & même prohi-
bée. Il y eut des Tragedies, & des
pieces Comiques. On vit des fai-
ſeurs de chanſons latines ou de proſe
rimée, comme des Compoſiteurs de
vers heroïques & d'autres. La Poëſie

se trouva employée par tout. Point
d'inscriptions qui ne fussent en vers.
On en trouvoit sur les Sceaux (a) ou
cachets, & même sur les anneaux, sur
les vases sacrés ou profanes, (b) sur
le verre, comme sur le cuivre & sur
l'airain, sur les pavés, sur les murs,
dans les Cartulaires pour designer les
biens des Eglises (c) comme dans le
Necrologe & les Chroniques pour
faire connoître la mort de ceux qui les
avoient legués (d). Les formules même de permission pour certaines fonc-

(a) On lisoit sur le Sceau de Guillaume le Conquerant *Hoc Normannorum Vitlhelmum nosce patronum*, & au revers : *Hoc Anglis regem signo fatearis eumdem* Diplomat. lib. 2. cap. 16. p. 140. l'Anneau donné à Odon d'Orleans Evêque de Cambrai contenoit ce vers : *Annulus Odonem decet aureus Aurelienfem.*

(b) Suger fit graver des vers sur tous les ouvrages qu'il fit faire, bâtimens, portes, tables, vitrages, &c. comme on peut voir chez Duchêne t. 4. pag. 342. & suivantes.

(c) Fragment d'un Cartulaire de S. Eloy de Noyon conservé à Sainte Genevieve de Paris intitulé des Chartes *Qui Karissioli reditus quæ copia terris.* Autre Charte intitulée : *Susannæ nobis quid reddat terra quod annis.* Autre : *De quot jugeribus decimam dat terra Bebincurt.*

(d) Necrologe de N. D. de Paris ecrit dans le XIII. Siécle : au 8. Janvier. *Elisabeth vitam liquit Comitissa caducam.* Dans une Chronique MS. de Limoges l'annonce & la mort des premiers Prieurs de Grammont est en vers Trochaïques.

tions furent redigées en vers (a) les Antiennes & les Répons des Offices Divins se virent soumis à la versification. Bien des Auteurs ne purent plus écrire en Prose, qu'ils ne missent des vers à la tête ou à la fin de leur ouvrage, ou qu'ils ne le parsemassent de la Poësie dont ils étoient infatués. Je n'aurois pu entrer dans le détail de tout ce que je viens d'avancer, ni l'inserer dans le corps de cette dissertation sans l'allonger excessivement ; je me suis contenté de le renvoyer au bas du texte, & de placer ici seulement les remarques suivantes.

L'examen que j'ai fait de plusieurs ouvrages particulierement du XII. siécle, m'a appris que les anciens Poëtes furent recherchés, lus, sçus, & transcrits pour former le goût. Suger qui avoit été instruit dans les *Vita* Sciences sur la fin de l'onziéme, pos-
Sugeri. sedoit si bien Horace qu'il en citoit souvent trente vers tout de suite. Un

(a) L'envie de fabriquer des benedictions pour les Lecteurs de Matines, de l'Office N. D. qui fussent rangées par alphabet pour diversifier, & composer celles-cy à Touloufe au XII. Siécle; *A flamma stigia nos liberet alma Maria. Besleo nato nos jungat mater amato.* Liber B. Mariæ Crassenf. cod. Reg. 4219, 2.

Moine appellé Pierre demanda à Pierre le Venerable qu'il lui fit copier les Poëſies de Prudence. Emon qui mourut Abbé de l'Ordre de Prémontré dans les Pays-Bas, faiſant à Paris & à Orleans une proviſion de livres, y tranſcrivit les ouvrages de Virgile, les Poëtes Satyriques & autres, comme auſſi les Poëtes Sacrés tels qu'Arator, Sedulius, &c. Ces trois ſçavans eurent pour la Poëſie un goût égal à celui d'Odon Cardinal d'Oſtie, auquel Baudry de Bourgueïl écrivit en ces termes :

Et vatum Muſas delicioſus amas,
  Si cantare velis, cantas modulami-
    ne dulci.

Mais le même Poëte écrivant à une Abbeſſe appellée *Emma* ſe plaint de ce que parmi les grands Seigneurs on commençoit à mépriſer les Poëtes, & même le plus excellent d'entre eux qui fut en France vers l'an 1100.

Ipſeque Marbodus vatum ſpectabi-
  le ſidus.

C'eſt ce qui eſt confirmé par l'ironie que fait Jean de Sarisbery des Philoſophes de Paris un peu plus an-

E iiij

ciens que lui , parmi lesquels les Poëtes & les Historiographes passoient
pour infames (a).

On n'avoit pas cette idée des Poëtes
dans l'Ordre de Citeaux qui brilla
durant tout le XII. Siécle ; cependant un fameux Ecrivain de l'Ordre
s'excusa un jour en ces termes sur la
lecture des vers qu'on lui avoit envoyé : *Nos nihil recipimus quod me-
tricis legibus continetur.* Si parmi les
Cisterciens il y eut une défense de lire les Poësies , elle ne dura pas long-
temps ; & ils sentirent par la suite
combien cette occupation étoit propre à faire éviter l'oisiveté.

Trois ou quatre fameuses Satyres
furent enfantées dans le Cloître, l'u-
ne sur la fin de l'onziéme Siécle par
un Moine Normand , une autre environ cent ans après par un éleve de
l'Université de Paris. On jugera de
la grossiereté de la premiere par les
comparaisons odieuses qu'on y fait
d'Yves Abbé de Saint-Denis à Ne-
ron , à Herodes , à Diocletien , à
Pharaon. L'Auteur que Dom Mabil-

Nicol.
Clara
vall.
Epist.
153.

'Annal.
Bened.
T. V. in-
ser inf-
trumen-
ta.

(a) C'étoit les Maî- | il se raille en cet endroit
tres de Cornificius dont | *Metalog. l. 1. cap. 3.*

on foupçonne avoir été de la Baffe-Normandie y a dit toutefois affez froidement :

Compofui Satyram carmen per fæcula clarum (a)

L'autre intitulée *Speculum ftultorum* qu'on attribuë à un certain Nigellus qui avoit auffi des liaifons dans la Normandie a été imprimée entierement dès le XV. Siécle. Dom Mabillon en a inferé un fragment dans le VI. Tome de fes Annales. C'eft une ironie très-fine de plufieurs fortes d'états de la vie humaine, & dans laquelle l'Auteur a eu pour but entre autres chofes, de faire voir, que fouvent ceux qui venoient étudier alors à Paris ne s'en retournoient qu'avec la feule réputation de Sçavants fans l'être réellement (b).

(a) Un autre Poëte du même temps plaça ce même vers après celui-ci : *Sacrilegis Monachis emptoribus Ecclefiarum.* Chéz Matthias Flaccus Illyr. *Bafilea* 1557.

(b) Quoique Dom Mabillon ait remarqué avec raifon de ce Poëte, *quod quædam inverecundè dixerit,* il n'a point approché de ce que Torrai-re Moine de Fleury a écrit fous Loüis le Gros ou fous Loüis le Jeune, dans la fixiéme Elegie adreffée *ad Syncopum,* contenuë dans fes ouvrages parmi les MS. du Vatican. Je croi qu'il ne l'avoit pas luë, quoiqu'il en faffe mention. *Sæc VI. Bened. pag.* 385. Nigellus eft qualifié Préchantre de l'Eglife de Cantocbery dans l'exemplaire

La jeune vache qu'il introduit fur la Scene, me fait ressouvenir d'une Fable assez ingenieuse qui est de l'invention de Hugues Metellus. Cette Fable roule fur un Loup qui voulut embrasser l'état Monastique & qui ne s'accommodant point du maigre prit celui de Chanoine. C'est ainsi que dans ce Siécle-là des personnes d'un caractere distingué dans l'état Ecclesiastique exercerent quelquefois leur Muse fur des Sujets assez peu serieux. Du Boulay a fait observer que Bernard de Cluny écrit aussi dans le même Siécle une Satyre en vers Hexametres contre la Cour de Rome.

Je passerai legerement fur les Auteurs d'enigmes & de Logogriphes, tels que le même Metellus & Philippe Harveng Abbé de Bonne-Esperance : je ne croy pas devoir m'étendre davantage fur ces sortes de Poëtes, que fur les faiseurs d'Acrostiches, dont la Poësie n'a jamais été en grande consideration dans la Republique des Lettres. Mais je ne dois

Sacrâ
Antiq.
Monum.
P. Hugo
Præm.

Hist.
Univers.
Parif.
t. 2. p.
51.

MS. de fon ouvrage au Vatican parmi ceux de la Reine de Suede, Cod. 1379. Les Moines Anglois passoient souvent en Normandie, & en étoient quelquefois tirez.

pas oublier de donner ici la notice que merite le Poëte Beauvoisin , nommé Fulcoius , dont j'ai parlé ci-deſſus.

Il paroît que ce Poëte réſident à Meaux , où il étoit Soudiacre, fut le principal ornement du onziéme Siécle en fait de Poëſie. On trouve en Sorbonne un Manuſcrit très-ancien (a) qui contient un grand nombre de ſes ouvrages avec des hommages en vers Elegiaques , que les Villes de Beauvais, de Meaux, de Chartres, d'Orleans & de Paris rendent à ſa memoire , marquant combien elles regrettoient ſa perte. C'eſt ce qui me perſuade qu'on le crut digne d'être comparé à Fulbert dont il pouvoit avoir été diſciple.

Les Poëtes qui illuſtrerent la Fran-

(a) Ce Manuſcrit eſt cotté 58. Son ouvrage *de Nuptiis Chriſti & Eccleſiæ*, eſt parmi les MS. à la Bibl. Colbert *num.* 738. *Reg.* 1181.3. Dom Mabillon à ſouvent parlé de ce Poëte. *Sec.* III. *Bened. partie* I. *pag.* 650. & *Annal. Bened.* 1.5 p.185 *ad an* 1082. Fulcoïus regarda le Prieuré de la Celle en Brie comme un ſéjour favorable aux Muſes. Il dedia un de ſes ouvrages à Manaſſes Archevêque de Reims. Il fit auſſi des vers à la loüange d'Alexandre II. & de l'Archidiacre Hildebrand. Pluſieurs de ſes ouvrages ſont en manuſcrit à la Cathedrale de Beauvais.

ce au XII. siécle comme Fulcoïus
l'avoit fait le siécle précedent, se
reduisent à sept ou huit que je nom-
merai ici en peu de mots. Ce n'est
pas Marbode de Rennes ni Hildebert
du Mans, que j'ai principalement en
vûë. Ils tenoient d'assez près à l'onziéme Siécle, & ils sont assez connus par leurs bonnes Poësies ; Mais
après avoir nommé Arnoul Evêque
de Lisieux qui sçût si bien sentir la
pesanteur & l'obscurité des vers
d'Ennode de Pavie, j'y joindrai un
Gautier de l'Isle ou de Châtillon (a)
Auteur d'un Poëme sur Alexandre
le Grand : Un Alain qu'on a cru être
du même canton, & dont les excellen-
tes Poësies composent la moitié d'un
volume; un Jean de Haute-Ville Normand, qui avec un stile qui lui a
fait prendre le surnom d'*Archithre-*
nius, c'est-à-dire grand Pleureur,
décrit pathétiquement la corruption
des mœurs de son tems sur-tout à Paris (b). Un Pierre de Riga Chanoine Regulier de Saint-Denys de

Epist.
33. ad
Henric.
Pisa-
rum.

(a) Il y en a qui le
qualifient de Prévôt de
Tournay : mais on est in-
certain sur ce titre.

(b) Cet Auteur fut
fort estimé par Loüis vi-
ves & par Ravisius Tex-
tor.

Reims, qui mit en vers une partie de
la Bible. Du Boulay parlant d'un
Poëte qu'il appelle Galo, le vante
fort à la feule infpection d'une épitaphe de Guillaume Longuépée qu'on
lui attribuë. Un autre Poëte qui a
chanté Thibaud l'ancien, Comte de
Champagne fon contemporain, ne
lui cede guéres. Ces deux Poëtes
n'ont pas été feconds : mais un autre
qui réünit le goût avec la fecondité
fut Gilles de Paris, Diacre & Profeffeur, qui préfenta au jeune Loüis
fils de Philippe Augufte fon Poëme
appellé *le Carolin* ou *la Caroline.*
Enfin, Thomas Moine de Froimont,
dont Manrique a donné une Elegie à
l'an 1187. paffe auffi pour avoir été
l'un des meilleurs Poëtes de ces
tems-là.

Je n'ai point affocié aux Poëtes du
premier rang, Baudry de Bourguëil. Il eft plus connu par l'abondance, que par la délicateffe de fes
Poëfies. Ce fut lui qui donna le ton
aux autres pour le ftyle des éloges,
qu'il étoit bien aifé de faire en fe con-
tentant d'exprimer en vers qu'un tel
étoit un fecond Cicéron, un autre

Tom.
2. p. 105

Carmi-
na Bal-
dr. paf-
fim.

Petri
Vene-
rab.Epi-
taph.
Petri A-
baëlar-
di.

Duchê-
ne t. 4.
& Hiſt.
Univerſ.
Pariſ.
t. 2. p.
250.
Bibl.
Cluniac.

Virgile, un Ariſtote : qu'il ſurpaſſoit Homere (a) que Neſtor, Ulyſſes, Cræſus, Quintilien étoient réünis en la perſonne de tel ou tel (b) que cet autre fut le Platon & le Socrate de ſon tems. Il faut avoüer que la frequente repetition de ces lieux communs marquoit une grande diſette. Celui qui dans ſes vers qualifie l'Abbé Suger de *Semivir* & *Semideus* voulut donner du neuf : mais ce langage n'étoit pas fort religieux. On n'aima pas toûjours les éloges outrés : & Pierre de Poitiers qui paroiſſoit avoir excedé en celebrant Pierre le Venerable, fut obligé de ſe juſtifier.

Je n'ai rien dit d'une femme qui cultiva la Poëſie au commencement du XII. Siécle, & dont Hildebert du Mans a parlé, parce que je me propoſe de faire un article ſeparé des femmes ſçavantes de France pendant les trois ſiécles que je parcourre.

Le treiziéme ſiécle a eu bien des

(a) Carm. Ulgerii Andegav de Marbodo.
(b) Stephan. Rotomag de Valleranno Comite Mellenti. Ampliſ. Collect. t. 1. p. 815. ad an 1166.

Poëtes ; mais ils n'étoient nullement
comparables à ceux dont je viens de
parler, fi on en excepte Matthieu
Abbé de Saint-Denis, dont on a
une très-belle Elegie fur l'Hiftoire
de Tobie. Cet Auteur écrivit auffi
fur l'art de verfifier. Il avoit été pré-
venu dans ce dernier deffein par
Geoffroy furnommé de Vinfalf Anglois contemporain d'Innocent III,
qui compofa en vers latins un long
ouvrage intitulé *Nova Poëtria* pour
faire revivre les regles de la Poëfie.
Ces ouvrages devenoient alors necef-
faires. On en fit des copies en France : mais on n'en profita gueres dans
le fiécle de S. Loüis. Quoique Vincent de Beauvais l'ait cité en fon
Traité de l'éducation des enfans Nobles, il confeilla néanmoins de ne
point faire voir aux enfans les Poëtes
Payens, mais feulement les anciens
Poëtes Chrétiens comme Juvencus,
Sedulius, & parmi les modernes
Matthieu fur Tobie, & Pierre de
Riga fur d'autres parties de la Bible.

Pour ce qui eft du quatorziéme
fiécle jufqu'à la mort de Philippe le
Bel, il ne nous fournit qu'un Guil-

*Hift.
Univerf.
Parif. t.
3. pag.
482. Ou-
din t. 4.
p. 483.
Siron
en Bibl.
Sanger-
man.
Cod.
Victor.
293.*

laume Forestier Moine du Mont-
Sainte-Catherine proche Roüen qui
a laissé en vers un Eloge des premiers Abbés de ce lieu.

Annal.
Bened. t.
5. p. 630.

Il resteroit une discussion à faire
sur les changemens que la rime apporta dans la Poësie latine, & à examiner comment la langue vulgaire
s'appropria ce qui ne convenoit pas
à la latine : Mais cela demanderoit
un article separé ; d'ailleurs cette
matiere a été traitée par une plume
si diserte, & son ouvrage est si recemment publié, que je croi devoir
me contenter d'ajoûter seulement
quelques legeres observations.

En renvoyant donc au bas de la
page ce qui ne peut pas entrer dans
cet écrit (a), j'avertirai simplement

(a) La rime admise
en France fut d'abord
employée dans la lan-
gue latine, puisqu'il est
constant qu'elle fut usi-
tée dès le huitiéme sié-
cle dans des pays où
le latin étoit encore la
langue la plus ordinai-
re S. Theofride Abbé de
Calminiac en Vellay,
dit aujourdhui Monêtier
S. Chaffre, qui vivoit
en 729, & mourut en
728, composa un ou-
vrage intitulé Microlo-
gue sur la décadence du
monde, & il le fit *Ser-*
mone rithmico ; com-
me il est marqué dans sa
vie ; par où il faut en-
tendre la rime ; & même
tel est le langa e de l'Auteur de cette vie , quoi-
que écrivant en Prose il
affecte de rimer presque
perpetuellement. *Secul.*
III. Bened. Part. I.

que

qué les écrivains du XI. Siécle &
des deux suivants, profitant de l'invention des Sequences & Profes de
l'Eglise, firent plusieurs pieces profanes rimées. Les manufcrits de toutes les grandes Bibliotheques font
pleins de ces anciennes pieces, la
plûpart fur des fujets pieux. On y
voit fouvent des Tragédies en rimes latines. Duboulay fait mention
de celle de Sainte Catherine à l'an
1146. On peut voir ailleurs celles
de l'Abbaye de faint Benoît. Dans
celle de faint Martial de Limoges
fous le Roy Henry I. Virgile fe trouve affocié avec les Prophetes qui
viennent à l'adoration du Meffie
nouveau né, & il mêle fa voix
avec la leur pour chanter un long
Benedicamus rimé par lequel finit la
piéce.

Merc.
Gallic.
Dec.
1729.
April.
1734.
Cod.
100. *S.*
Mart.
fol. 60.
ant. cir-
citer.

On a des chants ri-
mez en latin de la façon
d'Abailard & de fon
Difciple Hilaire. On lui
attribuë auffi la fequen-
ce *Mittit ad Virginem.*
S. Bernard qui en a fait
de pieufes en avoit auffi
fait de profanes en fa
jeuneffe. Pierre de Blois
pareillement. Adam de
Saint-Victor excella en
ce genre. Hugues de
Noyers Evêque d'Au-
xerre voulut l'imiter.
On en trouve auffi de
Godéfroy Souprieur de
Saint Victor, Guibert de
Gemblours, Thierry
Archevêque de Befan-
çon.

E

L'harmonie qu'on avoit trouvé,
surtout à la déclamation de ces rimes,
engagea quelques personnes à rimer
à l'hemistiche dans les vers hexametres & pentametres, & de même
dans les pieces héroïques. C'est ce
qui servit souvent à affoiblir les pen-
sées des Poëtes. Marbode, Hildebert, & un certain (a) Thiboud dont
les Poësies sont mêlées parmi les leur
suivirent quelque fois le torrent. Ces
vers eurent le nom de Leonins. On
ne connoît pas l'origine de cette dénomination. Mais elle doit tirer son
nom d'un autre que Leonius Poëte de
Paris au douziéme siécle, puisqu'il
composa de ces vers moins qu'aucun autre Poëte de son tems. Il est
qualifié *Magister* & Chanoine de
Notre-Dame de Paris, dans le Necrologe de cette Eglise, transcrit au
XIII. Siécle, titre qui ne se donnoit
guéres dans le siécle précedent
qu'aux Ecrivains ou autres sçavans.
Et avec d'autres preuves que je rapporterai ailleurs, j'espere faire voir
que ceux-là se trompent, qui le di-

*Au 24.
Mars.*

*Voyez le
Supple-
ment à
cette
Disser-
tation.*

____

(a) Ce *Thibouldus* | la fin de la Caroline de
est le premier nommé à | Gilles de Paris.

fent Chanoine de faint Benoît ou de
faint Victor. Il faut auffi faire attention que les vers rimés étoient fort
en vogue avant lui, & que quelques
anciens manufcrits parlant de cette
rime ne l'appellent point Leonine,
mais Leonime.

Quant aux rimes en langue Françoife, M. l'Abbé Maffieu, dit que
notre Poëfie commença à prendre
quelque forme fous le Roy Henri I.
Mais il n'en rapporte aucun exemple,
& il vient tout-à-coup aux chanteurs
de nos croifades, qui ont peut-être paru plus tard qu'il ne penfe. Il auroit dû
ce femble profiter comme a fait Dom
Liron, de la remarque de Dom
Mabillon fur un Thibaud de Vernon *Mirac.*
Chanoine de Roüen, lequel mit en *S. Vul-*
vers vulgaires plufieurs vies de *fran.*
Saints, entre autres celle de faint *Sæc. 3. Bened.*
Vandrille : d'un autre endroit du *l'art. 10.*
même Dom Mabillon, où font in- *pag. 319.*
férés les vers que les Jongleurs chan-
toient fur faint Guillaume d'Aquitaine ; de la chanfon fur la converfion
de faint Thibaud fils du Comte de
Champagne, laquelle opera avant
la fin de l'onziéme fiécle celle de

E ij

saint Aibert Prêtre du Diocèse de Cambray. Tout ceci paroît anterieur à la premiere croisade : & par consequent Maître Eustache n'est pas le plus ancien Poëte François , quoique Fauchet l'ait écrit.

On peut voir ici en note au bas de la page un échantillon de la Poësie vulgaire des Moines de saint Martial de Limoges , sous le Roy Henry I. (ᵃ) & le mettre en parallele avec celle des Troubadours de Provence dont Garbert de Puycybot Maître de Musique , & depuis Moine de l'Ordre de Citeaux au Diocèse de Fréjus (ᵇ) avoit fait une collection sous le regne de saint Loüis (ᶜ) Il est cer-

(a) Je deu hor mais finir nostra razos.
Un pauc soilas que trop so aut losos,
Le vendor clert qui de ien lo respos
Tu autem Deus qui est Paire glorios.
Noste prejam quet remembre de nos.
Quant triarias los mals dantre los bos.
Ex Codice S. Martialis Lemov. 100. fol. 44.

(b) L'Abbaye dont il étoit Religieux est appellée *Toronetum.*

(c) Il est très-vrai qu'un recüeil des anciens Vaudevilles eût été necessaire pour l'explication de bien des faits qui ne sont marqués qu'en general chez les Historiens : mais comme souvent il se glissoit de la malignité en ces sortes de pieces, elles ont été ensevelies dans l'oubli avec leurs Auteurs. *Orderic. Vital.*

tain que plus de cent ans auparavant
sous Loüis le Gros, Eustorge Evêque de Limoges engagea un Cheva-
lier appellé Gregoire Bechadam à ne
pas avoir de scrupule d'écrire en rimes vulgaires l'histoire de la premiere Croisade. Si cet endroit de Geoffroy de Vigeois prouve que la Poësie vulgaire étoit alors rarement employée pour les pieces sérieuses, il
peut encore servir à admettre un Poëte François un peu plus ancien que
Maître Eustache qui ne rima qu'en
l'an 1155.

ETAT DE LA DIALECTIQUE.

IL convenoit que ceux qui étoient
passablement versez dans la langue

dit à l'an 1124. que le
Roy d'Angleterre étant
en Normandie, se plai-
gnit d'un Jongleur qui
en avoit fait contre lui.
Arnold Dupré Jacobin
Professeur à Toulouse à
la fin du XIII. Siécle
fut inquieté pour en
avoir pareillement com-
posé. *Echard Tom.* 1. *p.*
499.

Il y eût aussi alors
quelques Poësies moitié
françoises & moitié lati-
ues. Comme celle-ci :
Ex Cod. B. Mariæ Pa-
ris. N. 2. *fol.* 4.

Je maine bonne vie *Semper quantum possum,*
Si Taumers m'appelle, *je di Ecce adsum.*
A despendre le mien *Semper paratus sum,*
Car je pense en mon cœur, *Et meditatus sum.*

latine par le moyen de la Grammaire,
se missent en état de raisonner juste.
C'est pourquoi dans les siécles dont
il s'agit, après avoir donné aux étudians la connoissance des principales
regles de la Grammaire par le style
Prosaïque & le style Poëtique, on
les faisoit passer immédiatement à la
Dialectique, qui étoit la seconde
branche du *Trivium* comme l'on voit
par le rang que lui donnent Hugues
de saint Victor, Jean de Sarisbery,
Hugues Metellus, Orderic Vital,
Geoffroy de saint Victor, Alain, &
Gautier de Metz.

Les Disciples de Fulbert de Chartres se distinguerent en cette Science. Berenger & Lanfranc qui dès le
tems des classes & sous les dernieres
années du Roy Robert s'étoient
déja trouvé partagés de sentiment,
se furent encore davantage sous le
regne suivant. Les disputes commen-
cées sur des points de peu de conse-
quence *de re parva*, s'étendirent
jusques sur nos Mysteres : & ceci regarde la Théologie. Mais dans quels
Auteurs puisoit-on alors la Dialectique ? Il y a toute apparence que c'é-

toit chez Ariftote , & dans la Dialectique de S. Auguftin. Les Héréfies
qui s'éleverent dans le même fiécle ,
ne purent ê're appuyées que fur les
autorités du Philofophe. Ceux qui
vouloient s'en difculper renonçoient
fólemhellement aux écrits des Arifto-
teliciens & des Chryfippens , comme
fit Anaftafé Moine de Saint-Serge
d'Angers dans fa lettre à l'Evêque
Gerald. Outre Berenger qui abufa
des principes de la Dialectique, Rof-
celin Bas-Breton Chanoine de Compiegne, & quelques nouveaux Mani-
chéens s'en fervirent pour débiter
de nouveaux fentimens fur les myfte-
res de la Religion. Tels furent les
fruits de la Dialectique. Mais les difputes où l'on avoit été obligé d'entrer au fujet de Berenger , avoient
tellement exercé les efprits , qu'alors
il fe forma en France deux partis de
Philofophes & de Théologiens dont
la Dialectique (chacun dans la matiere de leur competence) avoit des
fondemens differens. Ce qui les par-
tageoit , étoit que les uns raifonnant
fur l'Univerfel , prétendoient comme
les anciens, qu'il étoit dans les cho-

*Hift.
Univerf.
Par.t.1.
p. 463.*

Jean
Sarisb.
Ep. 100.
t. 2. Sp.
S. Thom.
Cant.
ad Bald.
Archid.

Narr.
Reſtaur.
S. Mart.
Torrac
Spicil. t.
1 2. pag.
361.
Duchê-
ne t. 4.
p. 90.

ſes , au lieu que les nouveaux ſoutin-
rent que toutes les choſes étoient ſin-
gulieres , & qu'il n'y avoit d'Univerſel que le nom.

Ces derniers furent appellés Nominaux ou Vocaux. De grands perſonnages devinrent Nominaux &
combattirent les Reaux ou Reels.
Ces Nominaux étoient communément ainſi appellés au XII. Siécle.
Un nommé Jean fut leur chef: Il
eut pour diſciples Robert de Paris
ami d'Urbain II. Raimbert Maître à
Lille en Flandre, Roſcelin Bas-Breton qui devint Chanoine de Compiegne. Ce dernier forma tant de Diſciples & défendit ces nouveaux ſenti-
mens avec tant de chaleur qu'il paſſa
preſque pour le chef de ce Schiſme
Philoſophique qui dura juſques dans
les ſiécles ſuivans, & qui ne pût être
éteint que par un Edit du Roy Loüis
XI. Le Nominaliſme ou Vocaliſme,
pour me ſervir de ce terme, s'accrut
donc conſiderablement , mais il fut
preſque toûjours combattu.

On donna le nom de Sophiſtes à
ceux qui l'embraſſerent : & ces Philo-
ſophies au raport de leurs adverſaires

DE

ne fuivoient ce fentiment , que parçe
qu'il paroiſſoit fournir une plus ample matiere pour diſcourir en public :
Mais quoiqu'ils puſſent avoir raiſon
en quelque choſe , c'étoient de vrais
diſeurs de rien , & qui ne payoient
que de paroles ſans ſolidité. Etienne de Tournay les traitta de ven-
deurs de mots : *verborum venditores.* *Epiſt*
Saint Anſelme qui l'avoit connu de 77.
ſemblable Dialecticiens feconds en
verbiage , les avoit qualifié d'Heretiques en matiere de Dialectique.
Odon d'Orleans , depuis Evêque de
Cambray , ſoutint au contraire l'a- *Spic l. 11*
cienne Dialectique & ſuivit Boëce. 12.
On a de ſes Traités dans la Bibliotheque des Peres Tom. 21. On y
voit que pour faciliter l'intelligence
des ſes raiſonnemens , il inventa l'u-
ſage des figures. Chacun des deux
partis reclamoit Ariſtote. Cependant
les Nominaux paroiſſoient ſe confor-
mer davantage à la Doctrine de Platon. Un des plus célebres Réels fut
Gautier de Mortagne depuis Evêque
de Laon qui voulut rafiner dans le
Réaliſme : Mais ſes efforts furent
vains & inutils. Bernard de Char-

tres produisit le Systême des idées,
& à l'aide de ses Ecoliers il tacha de
concilier Platon avec Aristote. Jean
de Sarisbery trouva ce dessein ridicule ; disant qu'ils étoient venus trop
tard, pour mettre d'accord après
leur mort, des Philosophes qui
avoient été si opposés dans leurs sen-
timens pendant toute leur vie. Ce
même Bernard, Thierry, Guillaume
de Conches & autres Sçavans sous les
regnes de Loüis VI. & de Loüis VII.
combattirent plus fortement la ridicule methode de quelques uns de
ces Nominaux, & vinrent à bout d'y
faire changer quelque chose. En effet
elle étoit parvenuë à un tel point,
qu'ils ne rougissoient point de mettre
par exemple en question comme une
chose très-difficile à décider, si un
porc qu'on mene à la Foire est tenu
plûtôt par le conducteur, que par la
corde : si celui qui achette une chap-
pe entiere, achette aussi le capuchon
ou chaperon, tous leurs discours re-
tentissoient de convenances & de
disconvenances : on y multiplioit à
un tel point les particules negatives,
que pour s'assurer si les propositions

Joann.
Sarisb.
Metal.
lib. 1.
cap. 3.

étoient négatives ou affirmatives ,
il étoit besoin de se munir de fê-
ves ou de pois , afin de compter si
elles étoient en nombre pair ou im-
pair. Le terme d'argument étoit perpetuellement dans leur bouche. Hy-
las aimé par Hercule étoit la figure
d'un vigoureux argument : On ne
pouvoit faire un syllogisme ni un
enthymême , qu'en avertissant auparavant qu'on alloit argumenter : coûtume dont il est resté un vestige jusqu'à nos jours , mais dont Sarisbery
paroît avoir eu raison de se mocquer
vû l'usage trop frequent qu'en faisoient les Nominaux. Ce fut ainsi
qu'on changea en plusieurs écoles la
face de la Dialectique ; desorte que
ceux qui naturellement n'aimoient
pas cette occupation , avoient bien
raison de l'appeller *professio verboso-*
rum , dans laquelle celui qui parloit ^{*Ibid.*}
le plus, passoit pour plus sçavant. L'e- ^{*cap. 10.*}
xamen de quelques questions propres
à la dispute *apta jurgiis* fit toute l'occupation de leur vie ; encore les lais- ^{*Joann.*}
ferent-ils à resoudre à la posterité ^{*Sarisb.*}
sans pouvoir eux-mêmes les éclair- ^{*Policr.*}
cir. Jean de Sarisbery qui n'oublie ^{*l. 7. cap.*}

Metal.
l. 2. cap.
10.

rien fur cette matiere , dit ailleurs ,
qu'un Guillaume de Soiffons inventa
des efpeces de figures qui fervirent à
apprendre à difputer fur *idem effe &*
non effe , & à prouver que d'une chofe
impoffible proviennent toutes les au-

Ibid. c.
17.

tres impoffibilités. Il ajoûte que
Gauzlen Evêque de la même Ville ,
pour exprimer la collection des chofes , fut obligé d'introduire le mot
de *materies* dans un fens tout nouveau. Godefroy Souprieur de Saint

Cod.
Victor.
1198.

Victor , qui fe plut beaucoup à rimer
alors en profe latine, trouva à redire
auffi bien dans les fentimens des Réels
que dans ceux des Nominaux , & il
fit une defcription affez finguliere de
quatre Sectes de ces premiers qu'ils
appelloient alors les Porretans , les
Albricans, les Robertins, & les Parvi-
pontains. Je ne puis m'étendre la
deffus que dans un fupplement à cette
Differtation.

Jamais donc on ne vit tant de So-
phiftes que dans ces deux fiécles. On

Polcyr.
l. 2. cap.
c. 3. 3.
lib. 5. c.
11.

trouvera encore dans Sarisbery d'autres exemples de leur ridicule methode de raifoner. Mais quelque perte
de tems qu'il y eut à fe mettre au fait

de ces sottises, il parut necessaire d'en prendre connoissance, afin, dit Jean de Sarisbery, d'être en état de les refuter, & de ne point paroître après le debit de leurs paralogismes, comme des Nicodêmes, qui demandent comment telle ou telle chose peut se faire. Les Professeurs de Paris furent un peu soupçonnés de Sophisme dans la question qui regardoit Saint Thomas de Cantorbery. Gautier Prieur de Saint-Victor n'en exempta pas plus Pierre Lombard & Pierre de Poitiers, que Pierre Abailard & Gilbert de la Porrée. Leurs subtilités poussées à l'excés sur l'article de J. C. firent donner à quelques uns le nom de *Nihilianistes* : Mais n'entrons point ici dans ce qui regarde la Théologie.

Metal. l. 4. cap. 22.

Pour me renfermer dans la simple Dialectique que Hugues de Saint Victor appelloit *Ratio differendi* ; à laquelle Hugues Metellus donna le nom de *Bellua multorum capitum* ; qu'Alain regardoit comme la piece la plus propre à découvrir les souterrains des Sophistes, & dont Abailard fit un si juste éloge fondé sur St.

In erut ditione didascalica. Epist. i. ad Bernardum, In Anticlaudiano. Epistola 4.

G iij

Augustin, je dirai qu'Aristote qui en
étoit le Prince fut toûjours estimé &
respecté en France , & surtout à Paris , si on excepte quelques années. A
Orleans dès l'onziéme siécle on enseignoit ses Dialogues *juxta Porphy-*
rii & Averrois Isagogas. ( ) Jean
de Sarisbery se le fit transcrire en
Normandie par les soins de Richard
Archidiacre de Coutances.

Quoique chacun, dit-il des anciens eût son mérite particulier , tous
les Dialecticiens faisoient gloire de
baiser les pas d'Aristote , on l'appelloit par antonomase *le Philosophe* ;
de même que par *Urbs* on entendoit
Rome , & par *Poëta* Virgile , aussi
par *Philosophe* on entendoit toûjours
Aristote. Les Peripateticiens ne furent attaqués ni par le même Sarisbery qui étoit l'homme le plus habile
du XII. siécle , ni par Pierre de
Blois ; mais seulement par Gautier
Prieur de Saint Victor lequel ne pouvoit souffrir aucun Philosophe Gen-
til , quel qu'il fût. Hugues Metellus

Epist. 93. ad R. Archid. in t. 2. Epist. S. Thomæ Cantuar.

Metal. l. 2. c. 16.

Polic rat. l. 7.

Galter. Victor. lib. 4.

<hr>

(a) *Hist. Univ. Pa-*
ris. t. 2. p. 28. cela se
aire de ce que l'Ecole de
Cambrige où cela s'ob-
servoit avoit été moulée
sur celle-là.

écrivant à S. Bernard se qualifia *quon-* Epist. XI.
dam domesticus Aristotelis ; & dans
sa letre à Tiecelin il prit le titre de Epist.
Secretaire d'Aristote, apparemment XII.
parcequ'il en copioit les ouvrages.

Il est vrai que la lecture de quelques-uns de ses livres ayant causé
des erreurs, on fut obligé à Paris de *Chron.*
la défendre pendant quelque tems. *Roberti*
On lit aussi que Boniface Abbé de la *Autis-*
siod. &
Cambre, mort en 1266. fut repris *Cæsar*
en une vision de la trop grande esti- *Haëst.*
me qu'il avoit pour Aristote. Mais *Vitaejus*
il n'en est pas moins constant, que *ad* 19.
le Legat même Robert de Corceon *Febr.*
prescrivit en 1215. aux Artistes ou
Maîtres ès Arts de Paris d'expliquer
à leurs Ecoliers la Dialectique de
notre Philosophe, ne défendant que
certains autres ouvrages. Bien plus
il ordonna que les jours de Fête on
leur expliquât la Morale du même
Auteur & le quatriéme livre des To-
piques. Il est inutile de remarquer
le grand nombre de Peripatéticiens
qui brillerent alors parmi les Reli- *Hist.*
Univ.
gieux mendians, entre autres un *Parij. t.*
Pierre de Tarentaise Dominiquain, *3. pag.*
puis Archevêque de Lyon. S. Thomas *707.*

G iiij

aussi-bien qu'Albert le Grand se servir utilement d'Aristote pour réfuter les hérétiques. Les Princes avoient également conçû une haute idée de ce Philosophe, & il y en eut qui s'interesserent à la propagation de sa Doctrine. Le Roy de Naples ayant trouvé dans sa Bibliotheque ses ouvrages tant sur la Dialectique que sur les Mathematiques, les fit traduire en latin, & les envoya à l'Universi-té de Paris. De là provinrent toutes ces Sommes de Dialectique qui n'é-toient autre chose que des Commen-taires sur Aristote, dont la seule uti-lité est de servir de preuve que durant le siécle de St Loüis & les suivants, l'état de la Dialectique fut d'être pu-rement Peripateticienne & non Pla-tonicienne.

Ampliss. collect. Martene. tom 2. cal. 1235. Emon depuis Prémontré les copia.

ETAT DE LA RHETORIQUE.

LA Rhetorique fut la troisiéme des Sciences ou Arts Liberaux à laquelle on s'appliqua pour devenir parfaitement versé dans le *Trivium.* Comme la Dialectique n'avoit perfec-

tionné que le jugement & non la diction, il étoit neceffaire que les raifonnemens formés par les lumieres
de cette fcience, reçuffent les cou-
leurs de la Rhetorique par le moyen
des figures. C'étoit donc alors après
avoir étudié la Dialectique ou Logique que l'on travailloit à perfectionner le ftile pour la diction.

Quoique la Rhetorique n'eut pas
tout l'éclat poffible dans l'onziéme
fiécle, j'ai trouvé qu'alors à Orleans
on expliquoit dans les Ecoles la
Rhetorique de Ciceron & de Quintilien. Odon depuis Abbé de Tournay, qui étoit de la même ville d'Orleans, écrivit un livre de la guerre
de Troyes, lequel ne pouvoit man-
quer de fe reffentir des fleurs de la
Rhetorique : mais cet ouvrage eft *Spicil. t.*
malheureufement perdu. Au com- *12.*
mencement du XII. fiécle Marbode
de Rennes & Hildebert du Mans
contribuerent plus qu'aucun autre
écrivain à la faire revivre. On peut
en juger par leurs ouvrages. Les
Chanoines d'Angers étoient fi per- *Opera*
fuadés de la capacité du premier, *Marbo-*
que lorfqu'il n'étoit encore qu'Ar- *di col. 1453.*

82 *Etat des Sciences en France ,*
chidiacre d'Angers, ils le prierent
de retoucher le ftyle de l'ancienne
vie de St Lézin leur Evêque. Ceux
de Rennes lui rendirent la même juf-
tice après fa mort. Dans la lettre cir-
culaire qu'ils envoyerent auffi-têt
qu'il eût laiffé le Siége Epifcopal de
Rennes vacant, ils le qualifierent de
Prince des Orateurs de fon tems ,
Oratorum Rex. Dans le cours du
même fiécle parurent Abailard, Berenger de Poitiers fon Difciple, Jean
de Sarisbery, Arnoul de Lifieux ,
Pierre de Blois & Etienne de Tournay, qu'il fuffit de nommer, pour fe
remettre à l'efprit que ce furent des
Ecrivains aufquels la bonne latinité
& les figures de la Rhetorique furent
très-familieres. On ne peut lire le
Traité d'Arnoul, alors Archidiacre
de Séez , contre Girard Evêque
d'Angoulême, qu'on n'y reconnoiffe
le ftyle des Catilinaires de Ciceron
dans la peinture qu'il fait de ce Prélat & de l'Antipape Pierre de Leon
dont il étoit fauteur. L'Apologie
d'Abailard par Berenger de Poitiers
eft une piece pleine de citations tirées des livres d'Humanités & d'une

malignité exprimée avec toutes les figures de la Rhetorique. Un celebre Cistercien de ce tems-là nous assure que Gibuin Archidiacre de Troyes étoit comparable à Ciceron & à Quintilien, apparemment pour la beauté de ses discours. C'est Nicolas de Clervaux. Il merite aussi qu'on s'arrête sur ce qui le regarde, puisque ses lettres font voir qu'il possedoit les anciens Auteurs d'Humanités au même dégré à peu près que Pierre de Blois. Car quoique l'Ordre de Citeaux ne fit pas profession si ouverte de science que celui de Cluny, il ne laissa pas que de produire des pieces assez ornées des fleurs de la Rhetorique dans les siécles de sa naissance ; Jean de Sarisbery assuroit, qu'il n'y avoit que les plus sçavans à qui l'usage des figures telles que la Metonymie & la Synecdoche pût être familiere. Il est aisé d'en conclurre qu'alors quiconque employoit ces figures dans ses écrits passoit pour un sçavant Rhetoricien.

On voit par plusieurs endroits de Hugues Metellus, que toute l'éloquence Rhetoricienne se prenoit alors

Thes. ancedot. Tom. 5. Dial. Cister- cien. & Cluniac.

Meta- log. 6. 19.

dans Ciceron. *In Tullio simul decla-
mavi tecum* difoit - il écrivant au
Théologien Humbert. Ce fut fans
doute dans cette fource comme dans
Quintilien, qu'un Thierry le Breton & un Pierre Helie dont parle
Jean de Sarisbery puifoient leurs
exemples & leurs autorités. Alain
n'en laiffe aucun doute, quand il dit
que la Rhetorique étoit alors regardée comme la fille de Ciceron, de
maniere qu'on pouvoit l'appeller elle-même *Tullia.* Il lui joint Quintilien pour le ftile des caufes ; Sym-
maque Auteur d'un ftile ferré, mais
qui dit beaucoup ; & il n'oublie pas
Sidonius avec fon langage empoul-
lé. Je croirois en effet que ce dernier Auteur quoique beaucoup infé-
rieur aux premiers, fut quelquefois
expliqué dans les cloîtres, puifque
fes lettres fe trouvent tranfcrites en
plufieurs Monafteres de la main des
Religieux de l'Ordre de Citeaux.

Au refte ce ne fut point des lettres de cet Auteur que fut puifée la
methode de ne point commencer de
lettres fans y mettre à la tête des fou-
haits finguliers. Ce nouveau ftyle

epiſtolaire ne put gueres venir que de quelqu'un des Ordres qui ſe for-merent ſous le regne de Philippe I. Cette coûtume qui devint alors preſque univerſelle en France parmi les Sçavans, obligeoit quelquefois de s'écarter de l'exacte latinité pour ſe ſervir du langage de l'Ecriture Sainte, & ſe renfermer dans une grande ſimplicité.

On s'apperçoit aiſément par les tours du ſtile, quels étoient ceux qui compoſoient en latin ſur le François; & qui étoient au contraire ceux qui prenoient les penſées dans les anciens. Le ſtyle des premiers étoit or-dinairement fort rempant, & l'autre très-fleury, mais non pas toûjours. Car l'extrémité du ſtyle rampant fut balancée par une autre extrémité qui ſe remarque dans les œuvres de Philippe Harveng &c. C'eſt une ca-dence de phraſes qui admet une ri-me perpetuelle, & qui, pour y par-venir, force ſouvent l'Auteur à des penſées aſſez burleſques & à des conſtructions embrouillées.

Ces Sçavans au reſte ne le fai-ſoient pas par mépris pour la Rhetorique; il n'appartint qu'aux gens du même goût que Cornificius d'affecter de parler rustiquement en latin. Comme il avoit appris de ses maîtres à ne faire aucun cas de la Rhetorique, il enseigna la même maxime à ses disciples, chez lesquels, comme dit Sarisbery on la méprisoit ouvertement. Ces sortes de Philosophes eurent bien des Sectateurs dans le treiziéme siécle. Le goût de la Scolastique & de la chicane fit presque perir celui de la Rhetorique; & les Auteurs de bonne latinité y furent très-rares, pour ne pas dire qu'en Prose il ne s'en trouva aucun. Rien ne devint plus commun, que les expressions basses & triviales, & un certain langage latin formé sur les termes de la langue vulgaire. Ce n'est pas que dans les deux siécles précedens, il n'y eût eu aussi de très-médiocres Rhetoriciens, & des écrivains qui s'abbaissoient jusqu'à des expressions que nous regarderions aujourd'hui comme burlesques; (a) Mais le siécle de St Loüis & le

Contemnebatur Rhetorica. Sarisber. Metal. lib. 1. cap. 3.

(a) Hugues Metellus se qualifia tantôt de petit chien, & tantôt de jeune veau à la tête de ses let-

regne de ses Successeurs vit augmenter à l'infini cette sorte de langage.

DES QUATRE SCIENCES
*qu'on appelloit alors le Quadrivium;
sçavoir l'Arithmétique, l'Astronomie, la Geometrie & la Musique.*

LEs Auteurs qui ont parlé du *Quadrivium* (a) des Mathematiques, ne conviennent pas dans l'ar-
rangement des quatre sciences ou arts
qui le composent. Les Ecclesiastiques
qui se contentoient de deux de ces
sciences qui sont la Musique & l'A-
rithmetique les nommoient les pre-

tres, *Mitis catellus* Ep. 7. *Vitulus novellus* Ep. 19.
Pierre de Celles appelloit Noé le boüeur du monde *Cloacarius mundi.*
Ecrivant au Pape Alexandre III. il lui disoit *Pater
sanctissimequi Australe sufflatorium habetis,* lib.
6. Ep. 6.

(a) Ce mot de *Qua-
drivium* est encore plus
ancien que celui de *Tri-
vium* puisque Boëce en
parle; Ainsi je ne sur-
prendrai personne en
m'en servant ici. Go-
defroi de Saint-Victor le
comparoit à un fleuve
divisé en quatre bran-
ches & il en parla ainsi
dans ses rimes vers l'an
1170.

*Hujus quoque fluminis partes sunt bis binæ,
Quas vulgus Quadrivium nominat latinè:
Nomen hoc sortita sunt istæ disciplinæ,
Uno quod initio cœunt & sine.*

miers. Les Seculiers au contraire cultivant davantage l'Aftronomie & la Geometrie leur donnoient les premiers rangs ; & Jean de Sarbois affure que l'on appelloit plus communément du nom de Mathematiciens ceux que nous nommons aujourd'hui Aftrologues. Cependant comme Abailard qui s'y connoiſſoit mieux qu'un autre donne une excellente raiſon ſur la primauté duë à l'Arithmetique , je la placerai ici la premiere. Gautier de Metz Poëte du XIII. ſiécle , lui donne auſſi le premier rang après la Rhetorique dans ſa deſcription des ſept Arts qui formoient ce qu'on appelloit alors du nom de *Clergie.* On croyoit de ſon tems , c'eſt-à-dire ſous le regne de St Loüis , que pour la conſervation des Mathematiques avant le Deluge on avoit figuré l'uſage de chaque ſcience ſur des blocs de pierre ; & que ce furent les originaux ſur leſquels on apprit de nouveau. Au moins il le penſoit ainſi,

Sarisb. Polier. l. 2. c. 12.

Introd. ad Theolog. l. 1. p. 1017.

Image du monde en vers françois écrits l'an 1245.

ETAT DE L'ARITHMETIQUE.

Saint Augustin avoit dit de l'A-
rithmetique qu'elle est necessaire
pour l'intelligence des livres Saints;
& c'est dequoi tout le monde con-
vient. Ainsi il ne faut pas douter que
les Théologiens ne la cultivassent
avec les autres sciences dans l'onziéme siécle; & elle ne dut pas faire le
moindre ornément des Sçavans de
ces tems-là, jointe à celle du Comput ou Compot Ecclesiastique. Ils
avoient sous les yeux l'Arithmetique
de Boëce & les ouvrages du Venerable Bede sur la même matiere: Quelques observations sur ces anciens ouvrages, leur en inculquerent les ma-
ximes. Ils eurent en 1064 l'avantage de voir *la grande année* c'est-à-dire celle en laquelle finit pour la seconde fois le grand cycle de Denis,
le petit composé de 532 ans, qui
contient vingt-huit cycles de 19 ans.
Comme ce grand cycle renferme toutes les variations de la Fête de Pâ-
ques, en 1065 on en recommença.

*De Doc-
trina
Christ.
lib. 2.*

*Chron.
Sigeber-
ti Alber-
rici &c.*

H

la premiere année. Malgré cet eve-
nement notable, Francon difciple
de Fulbert & depuis Scolaftique de
Liege eft le feul de ce fiécle que l'on
connoiffe avoir écrit alors *de compo-
to*. Mais il y eut à Saint-Hubert
au même Diocéfe un Helbert de Liege, Moine très-verfé dans la fcience
de l'Arithmetique appellée *Abacus*.

Le fiécle fuivant nous offre un plus
grand nombre d'Auteurs qui ont écrit
fur l'Arithmetique. Jean de Coutances adreffa vers l'an 1120 à Geoffroy
Abbé de Savigny un livre fur les
fupputations Ecclefiaftiques, & principalement pour fixer la Fête de Pâ-
ques fuivant le cours du Soleil & de
la Lune. Gerland de Befançon travailla dans le même deffein. J'ai trouvé depuis Oudin fon ouvrage joint à
celui d'Helperic. Abailard combla
d'éloges l'Arithmetique, fur ce que
par la proportion des nombres elle
mettoit un fi bel ordre en toutes chofes. Il la regarda comme la mere &
la maîtreffe des autres Arts, parce
que difoit-il la recherche dans les autres matieres auffi-bien que la maniere d'enfeigner bien des fciences de

Ex Sige-berto.

Amplif. collect. t. 4. col. 925.

Thes. anecdot. t. 1 pag. 362.

Oudin de Scrip-tor.

Introd. ad Theolog. l. 1. pag. 1017.

pend de la diſſection des nombres. Pour mettre en pratique les varietez dont elle eſt ſuſceptible, il en fit un livre qu'il intitula *Rithmomachia* à l'exemple de Gerbert. Ce Traité que je n'ai donni que par un Catalogue des livres de Richard de Fournival *Ex MS. Eccl. Ambian.* conſervés au treziéme ſiécle en l'Egliſe d'Amiens, dont il avoit été Chancelier, ne ſe retrouve plus, à moins que ce ne ſoit celui du Manuſcrit 620 de Saint Victor de Paris. Radulfe de Laon qualifié de frere du Doyen Anſelme par Jean de Sarisbery écrivit auſſi un Traité d'A-*Metal. lib. 1. c. 5.* rithmetique qu'il intitula *De abqco*, lequel j'ai pareillement vu à Saint *Cod.* Victor. Outre cela deux écrivains *758.* du Diocéſe de Langres, ſçavoir Thi-*Cod. S. Victor.* baud de Langres, & Odon Prieur de *40. &* Morimond depuis Abbé, firent cha-*854.* cun un Traité ſur l'analyſe & les myſteres des nombres.

La Rithmomachie (a) ou combat des nombres fut alors ſi fort goûtée, que le Docteur Alain l'Univerſel commençant ſa deſcription Poëti-

<hr>

(a) Les manuſcrits écri- | lieu d'*Arithmomachia*.
rent ainſi ce mot, au

Hij

que de l'Arithmetique, la répresen-
te tenant d'une main la table de Py-
thagore & montrant de l'autre les
nombres ennemis. Delà il passe à l'u-
sage general dont est l'Arithmetique pour la Geometrie, l'Astronomie & la Musique : il ajoute qu'un
certain nombre marquoit le point,
un autre la ligne ; un troisiéme la figure plate ou equilatere, d'autres enfin le cercle, le quarré, le solide &
le triangle : il parle du nombre nom-
brant & du nombre nombré. Il dé-
montre l'utilité de cette science pour
l'Architecture & surtout pour la
coupe des pierres. Il semble, à le lire, qu'on se souvenoit encore alors
de Chrysippe le Philosophe comme
d'un habile Arithmeticien, aussi bien
que de Nicomachus. Alain leur donne pour adjoints parmi les modernes
Gerbert qu'il appelle Gilbert.

Saint Edme étant à Paris s'appliqua beaucoup à tracer les figures
d'Arithmetique à ceux à qui il enfeignoit cette science, jusqu'à ce qu'il eût
reçu un avis d'enhaut de se tourner
vers la Theologie. C'étoit vers l'an
1200 au commencement du XIII

fiécle. Durant le cours du même fié-
ele il parut plufieurs écrivains fur le
compot. Le Cordelier Alexandre
de Ville-Dieu prit la peine de mettre
en vers latins les regles de cette
fcience vers l'an 1230. Jean *de Sa-*
crobofco ou Sairbois eft qualifié de
Computifte dans fon épitaphe : mais
peut-être eft-ce feulement parce que
dans fon traité *de Sphæra* il avoit employé les chiffres. Dans l'Ordre de
S. Dominique Albert le Grand écrivit fur l'Arithmetique de Boëce , &
Pierre de Mura Jacobin de Lyon fit
un long traité du Comput que j'ai en
manufcrit d'un caractere d'environ
l'an 1300. Tous ces traités furent
écrits en latin : mais comme au XIII.
fiécle on commença à abandonner la
langue latine, il y eût auffi des Traités
fur le Compot & fur l'Algorifme
écrits en françois. On en trouve de
ce tems dans les Bibliotheques.
Humbert de Romans , General du
même Ordre connoiffoit l'abus que
quelques-uns faifoient de l'art du cal-
cul, lorfqu'il infifta dans le plan de
l'un de fes Sermons contre la croyan-
ce que l'on avoit au fentiment des

Aux Mathu-
rins de
Paris du
Brueil p.
376.

Cod. S.
Genov.
Parif. in
4. BB. 2.

Bibl.
Patrum
Tom. 25.
p. 631.

Philosophes Payens touchant la ré-
volution de la machine entiere de
l'Univers au bout d'un certain nombre d'années, ensorte que les mêmes
choses recommençoient à paroître.
Hugues de Miramors Archidiacre
de Maguelone & depuis Chartreux
de Mont-rive au Diocése de Marseille ne s'amusa point à une Doctrine si
contraire à la Religion ; il se contenta d'écrire sur les differentes combi-
naisons du nombre 4. Un Anglois
nommé Jean de Basingestokes rendit un service plus important à la
France & à son pays. Il rapporta d'A-
thenes toutes les figures des chiffres Grecs, & l'explication des lettres
qui en étoient les signes ; ce qui n'é-
toit pas en usage chez les latins parmi lesquels les lettres ne servoient
jamais de chiffres. C'est peut-être
ce qui fit penser à adopter enfin les
chiffres Arabes plus faciles & plus
commodes pour les operations d'A-
rithmetique. On les connoissoit dès
le X. siécle, mais ils n'avoient pas
encore fait fortune. On croit que ce
furent les Espagnols qui nous appri-
rent à nous en servir, par le moyen

des Tables Alphonsines. La Sphére
de Jean de Sairbois passe pour être
le premier ouvrage où on les a vu
employés. Ce fut au moins sous le
regne de S. Loüis que quelques écrivains les hazarderent sur le parchemin, & leur cours alla en augmentant
sous les regnes suivants, à mesure
qu'on en eut connu davantage l'utilité. Le Traité anonyme de l'algoris-
me conservé à Sainte-Genevieve, &
redigé au plûtard sous Philippe le *Cod. BB.*
Hardi en langage vulgaire, enseigne *2. in 4.*
l'usage de la multiplication selon ces
chiffres, & les regles pour chercher
la racine cube de quel nombre on
voudra ; plusieurs leçons de Geometrie y sont expliquées par le secours
des mêmes chiffres. Ce fut bien plus
tard que l'on commença à s'en servir
dans les Epitaphes.

ETAT DE L'ASTRONOMIE

NOus ne trouvons dans les monumens Historiques de la France du XI. siécle qu'un seul Auteur celebre qui ait enseigné l'Astronomie.
C'est Odon d'Orleans Scolastique

Spicil. t.
12. pag.
369.

de la Cathedrale de Tournay. On
lit de lui qu'étant placé devant le
portail de cette Eglise le soir & la
nuit, il instruisoit ses disciples sur le
cours des astres, les leur montrant
du doigt, leur faisant remarquer les
differences du Zodiaque, celles de
la voye lactée &c. Il se servoit sans
doute des mêmes noms que l'on voit
expliqués par un autre Odon Cardi-
Carmi-
na Bal-
drici.
nal d'Ostie en ses vers adressés à
Baudry de Bourguëil, qui fut appa-
ment aussi un Spectateur des merveil-
Epist.
1.
les de la nature. Hugues Metellus
dit pareillement qu'étant jeune il s'é-
toit promené dans les Cieux,
d'esprit & des yeux, & qu'il avoit
erré par le Zodiaque avec les sept
planettes. Adelard Physicien Anglois
contemporain de ce dernier, écrit
qu'alors, c'est-à-dire à la fin du regne de Loüis VI. il y eut à Tours un
sçavant qui donnoit des leçons sur la
situation & le mouvement des astres;
Cod Col-
bert. in
3655.
mais il ne déclare point son nom,
ni ne désigne aucun de ses éleves.

Parmi les admirateurs du spec-
tacle des cieux, aucun de ces tems-
là ne porta ses connoissances si loin
qu'on

qu'on les a portés depuis quelques
fiécles. Après quelques leçons gene-
rales toujours fondées fur le fyftême
de Ptolomée, ils faifoient obferver
qu'en confequence de telle difpofi-
tion, & pour fervir de prédiction il
y avoit eu en tel tems une telle cométe ou des apparitions d'étoiles extraordinaires, telle éclypfe, tel figne
ou tache dans la Lune ou au Soleil,
telles batailles dans l'air. On ne voit
point qu'entre les chofes qui peuvent
fe predire ils fiffent des tables pour
marquer ces événemens : mais ils ne
manquoient gueres à laiffer des preuves qu'ils avoient regardé comme un
pronoftique ce qui en foi étoit purement naturel. La cométe de l'an
1066 fut prife pour une prédiction *Chron.*
de la conquête de l'Angleterre fur *Aberia-*
ci.
Harold par Guillaume Duc de Normandie. La lumiere Boreale qu'on
ne connoiffoit gueres & qui parut
vers l'an 1080 comme une chute
d'étoiles, fut le fujet de l'étonnement
& de la frayeur de toute la France
au rapport de Foulques Comte d'An- *Spicil. t.*
jou. Cet illuftre écrivain ajoute que *10.*
cela fut fuivi d'une fi grande morta-

lité que cent des Seigneurs d'Anjou en moururent & plus de deux mille habitans. Un autre événement sem-

Chron.
Alberic.
blable de l'an 1094 fut regardé comme une prédiction de la guerre de la premiere croisade ; & enfin ce-

Ibid.
lui de l'an 1098 préfagea une pefte & le dégât des biens de la terre. Gui-

Gefta
Dei per
Francos
lib. 8.
cap. 7.
bert de Nogent qui vivoit alors fait obferver que les Occidentaux, & par conféquent les François n'étoient pas fi verfés dans l'Aftronomie, que les Orientaux chez lefquels elle avoit pris naiffance : & comme les Orientaux avoient auffi prévu à ce qu'on difoit leur deftruction par les Chrétiens dans un tems non limité, il en conclut que l'Aftronomie fervoit à prédire le tems à venir. Il vouloit même, quoiqu'il regardât les éclyp-

Ibid. l.
8. cap. 8.
fes de Lune comme naturelles, que néanmoins les changemens de couleur dans cet aftre en ces momens-là fuffent un pronoftique, à caufe qu'on en voyoit des remarques exprefsées dans l'Hiftoire Eccléfiaftique & pro-

Ibid. l.
8. cap.
18.
fane. Il approuva auffi que l'on eût fait des prieres en la plûpart des Eglifes à l'apparition d'une lumière Bo-

reale, parce que ces feux, selon lui, prédisoient quelque facheux evénement. Hugues Archevêque de Roüen écrivant au Legat Alberic, le fait *Epist.* ressouvenir, qu'étant ensemble à *dedicatoria libri de* Nantes en 1147, ils y avoient vû *heresibus.* une cométe, qui parut se précipiter vers le couchant : ce qui servoit, dit-il à prédire la ruine de l'héréfie qui regnoit alors dans la Baſſe-Bretagne. On lit de même dans la Chronique de *Spicil. t.* Clarius, que l'apparition des feux *2.* céleftes de l'an 1097 fut suivie de la mort du ſçavant Hugues, modéle ou maître de preſque tous les Chanoines de ſon tems ; que les combats céleftes vus en Angleterre au mois de Février de l'an 1173 marquoient la prochaine difcorde des Rois d'Angleterre pere & fils. Je ne ſçai ſi l'on doit ajouter foi à Elinand quand il *Chron.* dit qu'en l'an 1156 on vit le ſigne *Alberic.* de la Croix dans la Lune, & l'année ſuivante trois lunes, & dans celle du milieu pareillement le ſigne de la Croix. Il y a apparence que l'on prenoit alors des tâches de cet aftre pour des choſes myfterieuſes. Rigord *In vita* quoique ſçavant, remarqua étant à *Philip. Augufti.*

Argentuëil avec plusieurs Religieux
le dix de Février de l'an 1189, que
la Lune descendit jusques sur la terre, & ensuite qu'elle remonta, & il
n'oublie pas d'observer en cette occasion, que la Lune est la figure de
l'Eglise. Il ne parut être en cela que
l'écho de Pierre de Blois, qui avoit
écrit avant lui, que l'Eglise à ses
phases comme la Lune, & qui lui attribua, selon ses differentes phases,
les termes de *minoïdes*, *diatomos*,
amphicyrros & *panfilenos.* (a)

Si les Sçavans de ces siécles-là
n'étoient pas d'habiles Astronomes,
& si les sens les trompoient quelquefois, ils furent au moins assez éclairés pour se défier de l'Astrologie judiciaire. Hildebert du Mans fit une
longue piece qu'il adressa à ses Disciples exprès pour la tourner en ridicule. Hugues de St Victor la distingua fort bien de l'Astronomie. Il appella celle-ci naturelle, & l'autre su-
persticieuse. Jean de Sarisbery se
mocqua de ceux qui ajoûtoient foi à
la disposition des planetes, & il les

Epist. 8.

Opera Hildeb. col. 1295.

Erud didascalica.

Polierat.l.2. cap. 19.

(a) Gervais de Tille-
bery cap. 4. met Neoni-
des, Diaconios, Amphi-
kyrtos, &c.

mettoit dans le rang des faux sçavans. (a) Et ce qui est digne d'attention, est qu'avant que ce même siécle fût écoulé, le public fut deux fois
témoin de leurs fausses prédictions.
Je n'entends point parler des remarques qu'on fit la dessus en Angleterre, comme le dit Jean de Sarisbery ;
mais je me borne aux années 1184
& 1187. Dans la premiere, presque
tous les Astrologues de la terre ,
(ceux de la France comme les autres) avoient· prédit la destruc-
tion du monde. Rigord qui rapporte
la même chose à l'an 1186 ajoûte
qu'ils tiroient cette conclusion de la
conjonction des Planetes. Ils avoient
prédit pour l'année 1187 un grand
vent du Nord qui devoit abattre les
maisons & causer une grande morta-
lité ; & c'est ce qui n'arriva point.

Au reste la maniere de traitter
l'Astronomie au XII. siécle étoit assez approchante de ce qu'on lit dans
les anciens Auteurs. Le Docteur
Alain dit qu'on y examinoit les Zo-

Guill.
Brito
apud
Duchê-
ne t. 5d
p. 73.

In Anti-
claudia-
no l. 4.
cap. 1.

(a) On peut lire par curiosité, ce que dit le même Sarisbery au sujet de leurs subterfuges sur l'éclypse arrivée à la mort de J. C.

res, les Colures, le mouvement
des Planetes, le fiége de chacune, le Zodiaque & fes douze fignes ;
on avoüoit que la Lune étoit un corps
opacque qui empruntoit la lumiere
du Soleil, & on convenoit que la terre étoit de figure ronde, d'où l'on
tiroit les confequences par rapport
aux éclypfes. (a)

Il ne paroît pas que l'habileté en
Aftronomie eut beaucoup augmenté
au XIII. fiécle. On s'y défia de l'Af-
trologie judiciaire comme dans les
précedens : mais on continua d'admettre du prodige dans ce qui étoit
purement naturel. Alberic ne dit
point ce qu'on penfa en 1212 des
fauts qu'on crut voir faire au Soleil,
ni des changemens de couleur qui y
furent apperçûs dans un tems où il
n'étoit pas queftion d'éclypfe de Soleil, puifque la Lune étoit en fon
plein. Mais Mencon Abbé de l'Ordre de Prémontré dans les Pays-Bas
ne fe contenta pas de trouver tout ce
qu'il faut dans la nature, pour regarder l'éclypfe du 29 Septembre 1241

Sacra antiq. P.
Hugo. P. 520.

(a) Alain témoigne | Albumafar Arabe du 1I
auffi qu'on lifoit alors | ou X fiécle.

comme naturelle, ni de raisonner
comme feroient aujourd'hui les plus
habiles Astronomes : il voulut encore, que cette éclypse eut pu être un
pronostique : *Prodigialis* dit-il, parce que vers le même tems mourut
Gregoire IX. qui fut un Pape fort lettré. Cependant plus timide que les
autres sur ces prétendus pronosti-
ques, il aima mieux en laisser le jugement à Dieu. Le continuateur de
Rigord avoit été plus hardi que lui.
Il assure positivement, que la Co- *Duchesne t. 5.
pag. 66.*
mete affreuse qui parut vers le couchant en l'an 1223, lorsque Philippe
Auguste tomba malade, prédisoit la
mort de ce Prince & l'affoiblissement
du Royaume de France.

Les ouvrages de ce tems-là qui se
rapportoient à l'Astronomie furent
plus communément intitulés *de Sphæ-
ra* ou *de Sphæra mundi.* Jean de Sa-
crobosco inhumé chez les Mathurins
de Paris en 1236 en composa un.
Alexandre de Ville-Dieu Cordelier
en donna un autre. Gautier de Metz
écrivit en 1245 dans le même goût,
mais en vers françois, sous le titre de
l'Image du monde ou de Mappemon-

de. On voit que cet Auteur avoit beaucoup lû : Perfuadé de la roton-dité de la terre, & du cours des aftres, felon le fyftême de Ptolomée, il ex-pliqua les phafes de la Lune, fes éclypfes & celles du Soleil, auffi bien que fon cours dans le Zodiaque par les figures qu'on peut voir dans fes manufcrits qui font affez com-muns. Robert Évêque de Linçolne élevé à Paris avoit auffi écrit *de Sphæ-ra.* Albert le grand fuivit fon exemple. On avoit cru ce dernier un peu Af-trologue ou Magicien : mais dans fon *Speculum Aftronomiæ* il reprouve tou-tes ces fciences, & dans fon troifiéme livre des mineraux, il fe moque de la prétenduë tranfmutation des mé-taux : Sur ce qu'il a pu écrire qu'il étoit bon de ne pas détruire tous les livres compofés fur ces matieres, afin de pouvoir les combattre ; c'eft ce qui a fait porter par quelques uns un ju-gement affez defavantageux à fon fu-jet. S. Thomas d'Aquin a eu le même fort. On l'a foupçonné de magie par une erreur de nom, en lui attribuant le livre *de effentia effentiarum* qui eft de Thomas *Anglicus,* où l'on a cru pou-

Naudé Apologie pour les fçavans accufez de Ma-gie 1625. p. 487.

voir lire *Thomas Angelicus.* Si on
veut examiner sa Somme, on y verra
qu'il nie formellement que les figures
des Magiciens puiſſent recevoir aucune vertu des aſtres. Il écrivit ſelon
Treveth un traité ſur l'uſage de l'Aſ-
trologie. On en avoit grand beſoin
alors s'il faut juger des Provinces de
la France parce qui eſt rapporté chez
Jean d'Ipres à l'an 1271 touchant la
naiſſance d'un fils de la maiſon de
Granſon en Savoye. Au reſte il ne
ſeroit pas ſurprenant que les ſimples
de ces tems-là euſſent ajoûté foi à
l'influence des aſtres, puiſqu'il y eut
alors des perſonnes aſſez crédules
pour ajoûter foi à des prétenduës
Propheties d'Ezechiel , fabriquées
pour les differentes années ſuivant le
jour de la ſemaine qu'elles commençoient.

Chron. Treveth. Spicil. t. s.

Thes. ani ecdot. t. 3. col. 741.

Cod. B. Mariæ Pariſ. F. 17. in fol.

ETAT DE LA GEOMETRIE.

IL eſt de la Geometrie comme de la
plûpart des autres ſciences qui furent plus cultivées au douziéme ſiécle, que dans l'onziéme & le treizié-

me. Auſſi trouve-t'on peu d'Auteurs de ces deux ſiécles qui en faſſent mention. Francon diſciple de Fulbert & depuis Ecolatre de Liege écrivit vers l'an 1040 ſous le regne d'Henry I. ſur la quadrature du cercle, & ſous le regne de Loüis VIII. & de S. Loüis, Jourdain General des Dominiquains, grand Mathématicien, compoſa ſelon Treveth deux livres fort utiles, l'un ſur les poids, l'autre ſur les lignes & ſur les plans. Mais dans l'intervalle de ces deux regnes un grand nombre d'Auteurs, & même des plus célebres parlerent de cette ſcience dans leurs écrits.

Spicil. t. 8.

Je ne dirai rien de Gerland de Beſançon (a); ni d'Abailard que Hugues Metellus à la tête des lettres qu'il leur adreſſe, qualifie de perſonnages pleinement chargés du *Trivium* & du *Quadrivium* (b). Ces qualifica-

(a) Chacun ſçait que par *Chryſopolitanus* il faut entendre Beſançon, & qu'il eſt Auteur du livre appellé *Candela.*

(b) Epiſt. 5. *Petro Abaëlardo trivii quadriviique pleno.* Epiſt. 37. *Gerlando ſcientiâ trivii quadriviique onerato.* Cette lettre a été imprimée pour la premiere fois par Dom Mabillon en ſes Annales; & il ſoupçonne qu'il faut lire *Gerardo*, ne faiſant pas attention à ce celebre Gerland ou Jatland de Beſançon.

tions fuppofent qu'ils étoient verfés
dans la Geometrie comme dans les
trois autres branches des Mathematiques. Je remarquerai feulement que
le même Metellus faifoit reffouvenir
l'Evêque de Virzbourg, que dans
fa jeuneffe ils avoient étudié enfemble la quadrature du cercle dans les
écrits d'Ariftote : & dans une autre
lettre il dit qu'il avoit recherché avec
les Geomettres la mefure de la terre.
Les difciples au refte ne fuivirent
point toujours aveuglément la methode de leurs Maîtres. Abailard par
exemple , fe diftingua de ce côté-là
comme en plufieurs autres points. Il
avoit eu pour maître en Mathematiques un nommé *Tirricus* dont il com-
batit quelquefois les fentimens , &
ce fut pour cela que ce maître au lieu
de le nommer Abailard , felon fon
vrai nom, l'appella par dérifion *Pier-*
re Bajolard.

On ne fe vantoit point alors en
France de cultiver à fond la Geometrie. Sarisberi obferve que cette étude étoit particuliere aux Efpagnols
& aux Afriquains par rapport à l'Aftronomie pour laquelle elle étoit ne-

cessaire. Mais Hugues de Saint Victor prouve par le détail qu'il en fait
en deux endroits de son introduction
aux sciences & ailleurs, qu'il en avoit
une connoissance suffisante. Il y parle
de la Planimetrie, de l'Altimetrie,
& de la Cosmimetrie, termes qui se
font assez entendre. Godefroy Souprieur de la premiere maison sous
Loüis le Jeune fait connoître qu'on
s'en servoit pour mesurer la circonfe-
rence de la Lune & des autres astres, &
même pour d'autres observations qui
regardoient la Geographie (a). Il paroît par Pierre de Blois, qu'on enseignoit quelquefois ces sciences aux
enfans dans le langage vulgaire, puisqu'il se plaint de quelques personnes,
qui avant que d'être formées dans les
élemens de la Grammaire apprenoient
à raisonner sur le point, sur la ligne,
& sur la superficie. Le Docteur Alain
ne fut pas moins informé de ce qui se
traittoit dans la Géometrie, que l'a-
voit été Hugues de Saint Victor. Elle considere, dit-il, la rotondité de

Erud.
didas-
cal. l. 1.
c. 8. &
l. 2. c.
14.

Epist.
101. ad
R. Ar-
chid.
Nannet.

(a) *Investigant alii metas circulorum,*
Quis Lunaris ambitus, quis fit aliorum:
Dividunt Ægypti limites agrorum:
Sciunt magnitudines omnium locorum.

la terre sans être arrêtée par aucune
élevation ni par aucune profondeur.
On y apprend ce que c'est que le
point, la ligne courbe, la droite, la
circonflexe, le tetragone, le triangle,
&c. Il observe que d'ordinaire ceux
qui commençoient à étudier cette
science étoient rebutés des premieres
leçons ; que la méthode de montrer
les figures & les théorêmes aux étu-
d ns é oit de se servir d'une ligne de
pl mb tirée en long & pliante : enfin pour tout Auteur, il se borne à
nous dire que les maîtres expli-
quoient les élemens d'Euclide.

*Anti-
clau-
dian. l.
3. cap.
6. & 7.*

Au reste, si l'on demande pourquoi dans les trois siécles dont je traite, on trouve peu de choses sur la
Géometrie & sur les Géometres, je
serois porté à croire que c'étoit parce
qu'alors on confondoit cette science
avec l'Architecture qui en fait usage,
& les Géometres par conséquent
avec les Architectes; deux ou trois endroits de la chronique de Lambert
d'Ardres peuvent appuyer ma con-
jecture. Mais la d sette d'auteurs en
fait de Geometrie quelle qu'elle fut
alors, n'empêcha pas qu'on ne suivit

*In MS.
cap. 45.
& 142.*

en ce genre comme en d'autres matieres l'ufage qui s'introduifit au
XIII. fiécle d'écrire en François fur
Cod. S. toute forte de fciences. Il y en a quel-
Genove- ques traités écrits en cette langue
fà BB. 2. du regne de S. Loüis ; & ce qu'il y
a de fingulier dans ces manufcrits,
& que felon la mode de ce fiécle-là
les feüilles d'or ne font point épar-
gnées dans les figures les plus fimples.
Les triangles, les quarrez, les cer-
cles, tout y eft en or, & accompagné
de vignettes qui marquent peut être
qu'on avoit plus d'attention à fe pro-
curer des volumes bien conditionés,
qu'à s'en fentir utilement pour le progrés des fciences.

ETAT DE LA MUSIQUE.

AUcun art ne fit tant de progrés,
que la Mufique dans l'intervalle
de tems fur lequel roule ce memoire.
Le goût ou la paffion que l'on avoit
conçû pour cette fcience au IX. fiécle, & qui fut confervé dans le dixié-
me, alla toûjours en augmentant.
Auffi-tôt que la nouvelle méthode de
Gui Aretin fut connuë & adoptée en

France, les progrès de l'art devinrent plus senfibles (a). Ce ne fut cependant gueres, que vers la fin de
l'onziéme siécle, que la méthode de
noter le chant fur une efpece d'échelle de quatre cordes commença à être
employée. A Saint-Tron par exemple, au Diocéfe de Liege, elle ne fut
introduite que par Maître Radulfe
depuis fait Abbé en 1107 ; & au
grand étonnement des anciens, il
faifoit chanter du premier coup d'œil *Spicil. t.*
des pieces que l'on n'avoit jamais *7. pag.*
vûës. Vers le même tems les orgues *410.*
commencerent à fe faire connoître en
quelques Monafteres de Normandie,
fans doute par le moyen de la relation de ces Maifons, avec les Eglifes
d'Angleterre, où la facilité de trouver
le plomb en avoit fait fabriquer de
prodigieufes. Baudri de Bourguëil *Neuf-*
en avoit vu à Fécan par lefquelles on *tria pia*
réüniffoit trois fons enfemble , le *p. 227.*
grave, l'aigu, & le moyen, mais *Ep. ad*
pour un feul & même chant. Le tex- *Fifcann.*
te de Sarisbery fur le mêlange de ces *l'oli-*
crat. l.
1. cap. 6.

(a) Helbert de Liege | l'an 1060. *Amplif.*
fut un fçavant en Muli- | *Collect.* T. 4. *col.* 925.
que à Saint-Hubert vers |

trois fons, ne prouve pas plus deciſivement que la Muſique à trois parties eût lieu alors. Ce n'étoit ſelon moi , qu'un même chant à l'octave & à la double octave.

Mais depuis que les Orgues devinrent ſi communes que les Seigneurs Laïques en faiſoient préſent à des Monaſteres de Filles , on commença à eſſayer ſur cet inſtrument les accompagnemens à la tierce dont auparavant l'on n'avoit donné que de foibles échantillons dans les verſets des Graduels & des *Alleluia* de la Meſſe, comme dans ceux des Répons de Vêpres. Ce fut Baudoin Comte de Ghiſnes qui envoya des orgues aux Religieuſes de cette petite Ville. Delà vient que le Docteur Alain qui ſurvêcut de beaucoup à Sarisbery a fait de la Muſique de ſon tems une deſcription qui ne laiſſe aucun doute qu'on ne chantât alors à pluſieurs parties. Les manuſcrits conſervés à Sens, à Noyon, à Saint Victor de Paris, & à Ste Genévieve prouvent la même choſe : & ces derniers en donnent même les regles qui ſont écrites en caracteres du XIII. ſiécle. Après qu'on

Necrol. B. Ma-rie. Pa-riſ. XIII. Sæc.

In Anti-claud. l. 3. c. 3.

qu'on eut introduit les accompagnemens à la tierce , on ne tarda gueres
de se servir de l'accord à la quinte ;
& dès l'an 1300 on voyoit plusieurs
pieces de chant notées à trois parties.

    En même tems que le chant faisoit
tous ces progrès , il semble que l'on
continuoit en quelques Abbayes de
l'Ordre de Prémontré à l'écrire , à
peu près de la même maniere qu'avant
l'invention d'Aretin , quoique plusieurs Religieux de ces maisons eus-
sent étudié à Paris ; de-là vient qu'à
l'endroit où leurs ouvrages en font
mention , on trouve les termes de
clunis cornuta , *clunis flexa rotunda* ,
torculum , *podatum* , *præpunctatum* ,
clunis circunflexa. L'Auteur de la
Chronique de ce lieu prétendoit que
l'usage de ces marques rendoit le
chant plus agréable. Si tous ces signes se plaçoient sur une échelle
comme celle d'Aretin , il faut avoüer
qu'un chant ainsi figuré étoit propre
à transmettre beaucoup d'agrément.
Un Abbé de l'Ordre de Citeaux & de
la filiation de Clervaux , nommé Guy
en jugeoit autrement. Dans son ex-

K

*Cod.
Victori-
nus
1106.*

*Chron.
Veru-
mense.
ad an.
1214.
agens de
Emone
Abbate.
In Sacr.
Antiq.
Hugo
1715. P.
440.*

*Cod.
MS. S.
Genov.
Paris.
XIII. S.*

cellent Traité, il se plaignit de ce
que le chant Gregorien avoit été al-
teré, parce qu'anciennement on se le
transmettoit plus par tradition que
par écrit, plus par usage que par principes : ce qui étoit cause, qu'on passoit toute la vie, ou au moins toute
la jeunesse à l'apprendre, & que chaque maître enseignoit, non ce qu'il
falloit enseigner, mais ce qui étoit
plutôt dit, ou qui paroissoit plus
agréable à l'oreille ; en quoi il y avoit
autant de varietés que de maîtres.
Cet Abbé prit donc le parti d'écrire
sur les regles du chant un ouvrage,
qui en quelques manuscrits vus par
Oudin porte le nom de Gui Abbé
d'un lieu dit *Carilocus*, dans lequel il
cite celui de S. Odon de Cluny. Cet
ouvrage qui paroît avoir été redigé
vers l'an 1200. remit bien des gens
dans la voye dont ils s'étoient écartés
par habitude. On seroit porté à croire que c'est du même écrivain que
l'on avoit eu au XII. siécle un autre
Traité de même matiere, s'il n'y
avoit pas de preuves qu'il est un peu
plus ancien. Quel qu'en soit l'Auteur,
fut ce S. Bernard, il avance quel-

quès remarques fauſſes. Il a auſſi ignoré que S. Gregoire n'étoit qu'un
compilateur , quoiqu'il eut pu apprendre de la vie de ce Saint écrite
par Jean Diacre , que ce grand Pape
avoit tiré du chant de tous les côtés
pour former ſon Antiphonier, Son
ouvrage au reſte ſuppoſe un homme
habile dans le chant d'Egliſe. Radulfe de Laon frere du fameux Anſelme , n'écrivit pas ſi au long ſur la
Muſique : il ſe contenta de donner
un petit ouvrage *de Semitonio* , où il
traite la matiere plus du côté de la
theorie que de la pratique, ainſi qu'a-
voit fait avant lui Theoger Evêque
de Metz : & ſans doute qu'il choiſit
ce ſujet, parce que le Pemiton fait
toute l'ame du chant, & en forme les
differences ſuivant ſa ſituation. Je ne
dis rien des idées myſtiques de Po-
thon de Pruim ſur la Muſique. C'eſt
une choſe ſinguliere, que de mettre
en parallele les neufs modes de chant
avec les neufs chœurs des Anges , &
de répreſenter en figures ces ſortes
d'idées.

Il paroît par ces trois écrivains
que le XII. ſiécle fut encore plus

fertile en sçavans Muficiens que l'onziéme & le treiziéme, quoiqu'il foit
vrai de dire que dans ce dernier, l'Ordre des Dominiquains fournit quelques Auteurs en ce genre. Je n'en-
tens pas parler ici d'Albert le Grand,
lequel eft connu pour s'être mêlé
d'écrire fur toute forte de fujets ; celui que j'ai en vûë, eft Jerome de
Moravie qui fleurit vers l'an 1260.
Son Traité fur la Mufique fut trouvé fi bon, que Pierre de Limoges
Docteur, le legua à la chapelle du
College de Sorbonne pour y refter
enchaîné. L'Auteur y fit gloire d'o-
mettre tous les termes grecs & les figures ; en quoi peut-être eut-il tort,
puifqu'il auroit dû plutôt les expliquer, que les enfevelir dans l'oubli.
L'on apprend par la Table de fon fi-
vre qu'il avoit lû Boëce fur la Mufique. Il y donne des regles pour la
compofition du Plainchant, pour celle du Déchant qui étoit la Mufique à
parties ; & il marque, que dès fon
tems, il y avoit dans les Horloges un
nombre de cloches par le moyen
defquelles on formoit des chanfons.
Ceci me rappelle les miniatures que

j'ai vû du même siécle en differens manuscrits, où parmi les instrumens qui environnent un Musicien de ces tems-là, on le represente frappant sur quatre petites cloches avec un marteau dans chaque main. Cela prouve clairement l'usage qu'on faisoit alors du Tetrachorde des Grecs ; d'où est venu l'usage & le nom de carillon. (*)

Ces quatre ou cinq écrivains suffiront pour juger en quel état fut alors l'étude de la Musique. Car c'étoit toujours le chant Ecclesiastique qui fut la principale portion de cette science. On avoit vû dans l'onziéme siécle plusieurs grands personnages se mêler d'en composer, comme Brunon Evêque de Toul, depuis Pape *Rep. S. Gorgon.* sous le nom de Leon IX. Humbert *Annal.* Abbé de Moyen-Moutier, le fameux *Bened. t. 4.* Guimond Moine de la Croix S. Leu- *Order* froy, & Thomas de Bayeux depuis *vit. lib. 3. ch..* retiré en Angleterre : Plusieurs per- *1050.* sonnes de remarque être très - ver- *Baleus.* fées dans cette connoissance com- *Vitaejus Ord. Vit.* me S. Godefroy Evêque d'Amiens, *ad an.* Durand de Fontenelles, Durand Ab- *1051. &c.*

(*) On a dit d'abord *quatrillon.*

Ord. vit. circa an 1053.
bé de Troarn : Des gens qualifiés d'enseigner le chant, tels qu'Arnoul Chantre de l'Eglise de Chartres auquel on envoyoit les écoliers de Normandie, *Miscell. Baluz. t. 3.* Gerald Moine de Moissac, depuis Evêque de Brague.

Les compositeurs de chant Ecclesiastique furent encore plus communs en France dans le douziéme siécle. Sigebert de Gemblours en fut un. Rodulfe Abbé de Saint-Tron, Jean Abbé de Saint-Arnoul de Metz, Ingobrand Abbé de Lobbes, un nommé Damien Prémontré aux Pays-Bas, & sur la fin de ce siécle un Hugues de Noyers Evêque d'Auxerre qui s'exerça à faire & à noter des cantiques qu'on croit avoir été des Proses (a). Parmi les autres sçavans en cet art on compta un Berenger *Ord. vit. p. 434. Anal. Cl. t. 3. pag. 335.* élevé à l'Abbaye de Saint-Evroul, fait Evêque de Venosa en Italie, Gui Préchantre au Mans, successeur d'Hildebert dans la chaire Episcopale, &

(a) La Prose *Plaude Cantuaria plausu renovato* des anciens livres d'Auxerre pourroit bien être de sa façon. Elle est d'une mesure des plus singulieres. Elle est pour la Fête de S. Thomas de Cantorbery dont l'Eglise s'étendit beaucoup de son tems.

un celebre Michalus fort vanté par
le Docteur Alain comme ayant corrigé les erreurs commifes dans cet art.
(a) Je pafferai fous filence plufieurs
Abbés de ces deux fiécles qui ne regardoient point au deffous d'eux de
tranfcrire eux-mêmes des livres de
chant. On eft informé combien au
XIII. fiécle S. Loüis aima le chant
d'Eglife. Le grand goût d'Erard de *Hift. Ep.*
Lefignes , Evêque d'Auxerre fous *Antiff. Labb.*
Philippe le Hardi, eft auffi marqué *Bibl. MS.*
dans fa vie. Le même fiécle vit enfanter plufieurs nouveaux Offices, d'un
chant auffi bizarre que l'étoient les
paroles : & fur la fin du regne de S.
Loüis l'Eglife de Paris en avoit déja
admis , qu'elle a depuis rejettés. Enfin ce fut vers le même tems qu'un
Chanoine de Saint-Aubert de Cam- *Henrici*
bray nommé Pierre , fit plufieurs *Gan- dav. in*
chants rimés qu'on appella *Conductus* *Gloff. Cang.*
parce qu'on les chantoit en marchant, *voce*
& qui tenoient de ces rimes latines *Conduc-*
auxquelles s'amuferent les Poëtes les *tus.*
plus modeftes de ces tems-là.

Je dirài auffi un mot des chants pro-

(a) Mufica lætetur Michalo doctore , fuofque
Corrigit errores tali dictante magiftro.

fanes. Quoiqu'il y en eut eu de tems immemorial, nous ne voyons point qu'ils ayent été écrits avec la méthode d'Aretin que dans le XII. & le XIII fiécle; & je n'en connois point de plus ancienne écriture du XI. & en caraćteres anterieurs à l'ufage de l'échelle, que ceux qui contiennent la Fête du Chantre qu'on folemnifoit en ce fiécle à Saint-Martial de Limoges, ou *Annus novus* eft employé dans tous les cas de la Grammaire fucceffivement: cette piece eft entierement latine. On voit par de femblables chants notez au XIII. fiécle, félon la methode d'Aretin, qu'ils n'étoient gueres mélodieux, ou qu'on laiffoit bien des agrémens à fuppléer aux Chantres. C'eft beaucoup s'ils approchoient de ceux du Pfeautier de Marot. On peut en juger par les collećtions des cantiques vulgaires ou chanfons Françoifes du XII. & XIII. fiécle, qui fe trouvent à Paris dans quelques Bibliotheques. Elles n'étoient que comme du chant Gregorien, & pour marque de cela, il y en a qui font notées du feptiéme mode qui eft le plus ingrat de tous pour le doux

&

& le tendre, & qui n'a que la gravité pour partage. Mais les oreilles de ces tems-là y étoient apparemment accoutumées, & ces airs leur paroiſſoient beaux. On lit en effet qu'Arnoul Comte de Ghiſnes au XII. ſiécle fut ſi enthouſiaſmé du Graduel *Jaĉta cogitatum*, qu'il entendit chanter de ce mode par ſes Chapellains, qu'il voulut qu'on le lui traduiſit en françois. Fauchet n'a produit aucun auteur de chanſons en langage plus ancien que Thibaud Comte de Champagne ; cependant Gautier de Coincy Moine de Saint-Medard de Soiſſons peut le lui diſputer (ª). Les chanſons & autres poëſies de cet écrivain lui ont été inconnuës. C'eſt néan-

Lambert. Ardrenſ. cap. 46.

Des anciens. Poëtes p. 116.

(ª) Ce Gautier étoit né vers l'an 1177. Il ſe fit Moine à Saint-Medard en 1193. Il fut fait Prieur de Vic ſur Aine en 1214. Il compoſa en 1219. une complainte ſur le vol du corps de Ste. Leocade arrivé dans ſon Prieuré. Etant fait en 1233. Prieur de Saint-Medard, il mourut trois ans après. L'immenſe collection de ſes Poëſies françoiſes ſe conſerve dans l'Abbaye de N. D. de Soiſſons ; il y en a auſſi à Saint Corneille de Compiegne, d'où j'ai tiré ſa complainte qui eſt du ſecond mode. L'exemplaire qui étoit en la Bibliotheque de Charles V. & Charles VI. eſt maintenant parmi les livres du Baron de Craſſier. Voyez la Chronique S. Medard. *Tom. 2. Spicil. In-fol. aux années ci deſſus.*

moins un des beaux morceaux qu'on
puisse vanter pour les chansons du
regne de Philippe Auguste & de
Loüis VIII. & qui est connu en quelques Bibliotheques de Paris sous le
nom de Danz Gautier.

ETAT
DES
SCIENCES DIVINES.

DE LA THEOLOGIE.

SANS m'arrêter à la penſée du Docteur Alain qui a placé la Théologie dans une eſpece de firmament au-deſſus de toutes les ſciences, & qui la fait parvenir en ce lieu par le moyen du chariot dont les roües ſont les ſept arts liberaux ; j'enviſagerai ici cette ſcience comme j'ai fait les autres, & avec les varietés dont elle a été ſuſceptible, ou les nuages dont elle a été obſcurcie.

Les Ecoles de Fulbert enfanterent des diſciples qui virent naître parmi eux de nouvelles manieres d'enſeigner la Theologie. Le plus grand nombre à la verité s'attacha à l'ancienne méthode de lire les Peres &

In Anti-claudia-no.

de prendre leur doctrine pour principe de leurs raisonnemens. Berenger
qui crut que les anciens s'étoient
trompés dans ce qu'ils avoient écrit
sur l'Euchariftie, excita contre lui
tous les Theologiens : & comme ses
fauteurs commencerent à mettre en
usage les subtilités des anciens Philosophes, ses adversaires crurent aussi devoir lire ces sortes d'ouvrages.
De là se forma peu-à-peu la Theologie Scolaftique, dont la methode
bonne en soi ne tarda pas à dégé-
nerer ; en sorte qu'il arriva dans la
Theologie la même chose qu'en Philosophie : Comme il y eut une Logique de Platoniciens, une de Peripateticiens, & une troisiéme de faux
Dialecticiens & grands parleurs, il
y eut des gens qui s'en tinrent comme
leurs prédecesseurs à l'Ecriture & aux
Peres ; D'autres qui y mêlerent un
peu des principes d'Ariftote ; & d'autres enfin qui ne retentirent que du
langage de ce Philosophe, connoissant
à peine les sources de la Theologie
Chrétienne, & mêlant dans la Theologie beaucoup de queftions purement Philosophiques. On n'en vint

point à cette extrêmité qu'après avoir
paſſé dans le milieu. On ſe tenoit encore dans une juſte mediocrité pendant
l'onziéme ſiécle ; mais au douziéme
les barrieres furent franchies ; & dans
le treiziéme où vivoient les neveux de
ceux qui avoient commencé à alterer
la Theologie, l'on ne retrouva preſque plus que la lie qui reſta de ces
anciennes diſputes. De ſorte que ce
n'étoit plus ſeulement la citation d'A-
riſtote qui frappoit, mais c'étoit la
maniere qui étoit devenuë ſinguliere.
Et plus on voulut devenir methodique dans l'arrangement du diſcours,
plus auſſi on parla ſéchement & dans
un ſtile trivial. Tel eſt le tableau general que j'ai cru pouvoir faire des Traités Theologiques de nos trois ſiécles.

La queſtion de l'Euchariſtie occu-
pa tout le reſte de l'onziéme ſiécle.
Quelques ouvrages de S. Anſelme
occaſionnerent auſſi d'autres diſputes.
Son Monologue & ſon Proſloge furent attaqués par Gaunilon Moine de
Marmoutier, par les mêmes argumens avec leſquels l'on a depuis atta-
qué Deſcartes. Les erreurs de Roſcelin, d'Abailard(ª) de Gilbert de la Por-

rée, de Pierre Lombard & Pierre de
Poitiers furent une raison qui obligea
dans le siécle suivant à consulter de
plus près les anciens : mais ceux qui
consulterent ces Auteurs éloignés
qu'Abailard canonisoit, loin d'y trouver dequoi rendre les mysteres du
Christianisme plus respectables, en
vinrent jusqu'à les faire mépriser. On
vit alors mettre en question si Jesus-
Christ, comme homme, étoit quelque
chose. Ceux qui le nioient furent ap-
pelés *Nihilianistes.* Gautier Prieur de
St Victor crut devoir rendre odieux
les quatre derniers Theologiens
ci-dessus nommés, en les qualifiant
de Labyrinthes dans ses écrits : & il
fit voir qu'il respectoit moins qu'eux
les sources de la Scolastique de l'E-
glise Orientale, lorsqu'il avoüa naï-
vement qu'il ne connoissoit point de
Jean Damascene, ou qu'il crut pouvoir en parler avec mépris (b) Jean
de Sarisbery ne pouvoit souffrir
qu'on mît en question, si Dieu exis-
te, s'il est bon, s'il est puissant, sa-

(a) Il regardoit com-
me saints Platon &
Socrate. *Annal. Bened.*
T. 6. *p.* 680.

(b) *Nescio quis*
Joannes Damascenus.
Hist. Univ, Parif. T. 2.
p. 584.

ge, &c. Il traitoit ces queftions d'ir-
religieufes, & il auroit voulu qu'on
eût puni ceux qui les propofoient.
C'eft une preuve qu'elles étoient fort
nouvelles au milieu du XII. fiécle.
Si la Theologie d'Abailard fut juf-
tement qualifiée de *Frivologia* par
Hugues Metellus, certaines quef- *Polit crat. lib. 7.*
tions dont on farcit les Sommes au *Epift. 4. ad Inn. Pap.*
XIII. fiécle ne meritoient pas une
plus honorable dénomination. Les
plaintes des gens pieux & éclairés
étoient déja anciennes. Etienne de
Tournay avoit écrit au Pape dès l'an *Epift.*
119 touchant ces nouveautés. Il *2;.*
avoit dit que les maîtres cherchant
plûtôt la gloire que la vérité, avoient
redigé de petits fommaires de Theologie, comme fi les opufcules des
Saints n'euffent pas fuffi ; & qu'en
confequence de ces cahiers on difpu-
toit publiquement fur l'incomprehen-
fible Divinité & fur la Sainte Trinité, enforte qu'il y avoit autant d'erreurs que de Docteurs, autant de
fcandales que de claffes. Ce mal étoit
déja parvenu à un certain point en
1192 lorfque Foulques, Curé de *Otho de*
Neüilly fur Marne, en fit de fevere *Sto Bla-fio.*

reprimandes aux Théologiens de Paris : & les chofes étoient dans le même état en 1228. quand Gregoire
IX. leur marqua d'enfeigner la Theologie dans fa pureté, fans aucun mé-
lange de fcience profane ni fans cor-
rompre la parole de Dieu par des
fictions Philofophiques. Roger Ba-
con dans un ouvrage dedié à Clement
IV. les traite de fatraffiers : & il trouvoit fort ridicule qu'à Paris du tems
de S. Loüis, les Profeffeurs de l'E-
criture Sainte fuffent bien moins partagés qu'eux pour ce qui étoit des
commodités temporelles.

Les perfonnes éclairées avoient
préfumé, avec affez de fondement,
que la Somme de Pierre Lombard
auroit dû arrêter le cours des fubti-
lités que l'on puifoit dans les Philofophes, & que le poids auffi-bien que
le nombre des autorités qu'il avoit
réünis fous un point de vûë, l'em-
porteroit fur ces raifonnemens cap-
tieux. Mais la méthode de ce Theologien déplut bientôt. Ceux qui ai-
merent à raifonner, & qui formerent
toûjours le grand nombre, reprirent
le ftyle de Dialecticiens & revinrent

au langage Sophiſtique. Quelques-
uns ont cru que Pierre Lombard n'a-
voit fait que tranſcrire dans ſon recuëil la compilation d'un nommé
Baudin ou Banduin, & ils n'ont peut-
être pas tout-à-fait tort de ſoupçon-
ner ce Theologien de s'être un peu
aidé des lectures d'autrui.

Au reſte, je ne prétends pas qu'autre que Pierre Lombard ne lût les Peres de l'Egliſe. Il falloit bien qu'on
les lût, puiſqu'on en fit pluſieurs abre-
gés. Lietbert ou Lambert Abbé de
Saint-Ruf de Valence & auparavant
Chanoine Regulier de l'Iſle (a) fit
un excellent extrait des Commentaires de S. Auguſtin & de Caſſiodore
ſur les Pſeaumes. Arnoul Abbé de
Bonneval au Diocéſe de Chartres en
redigea un du Commentaire de S. Jerôme ſur Iſaïe. Trois écrivains prefque contemporains mirent en abregé
les œuvres morales de St. Gregoire
Pape : Sçavoir Guillaume de Champeaux , Alulfe Moine de S. Martin

Hiſt.
Univ.
Pariſ. t.
2. *p.* : 87.
ad   an
1159.

MſS. in
Bibl.
Ponti-
niac.

Aberic
ad   an
1113.

*[note manuscrite : plutôt l'Iſle
près la Contar]*

(a) Ce n'eſt pas de
l'Iſle en Flandres com-
me les Flamans l'ont
cru, mais de l'Iſle de Me-
doc Abbaye au Diocé-
ſe de Bourdeaux Voyez
le Supplement cy joint
ſur les Ecrivains du XII,
ſiécle.

Spicil t.
12. pag.
396.

de Tournai dont l'ouvrage fut pour cette raifon appellé du nom de Gregorial, & Garnier Souprieur de Saint-Victor de Paris, dont la collection fut intitulée *Opus Gregorianum.*

Oudin
t. 2. pag.
1569.

Il y eut auffi des collections de Sentences qui prévinrent celles de Pierre Lombard, & qui font douter que le travail qui porte fon nom foit entierement de lui. Quelques Moines de Saint-Tron avoient déja eu l'idée d'un recuëil affez femblable avant l'an 1100. Le Moine Rodulfe tranfcrivoit alors cette collection : Elle differoit feulement de celle de Pierre Lombard, en ce qu'elle contenoit beaucoup de Canons : en quoi elle reffembloit davantage à celle que Gratien publia depuis. Guillaume de Champeaux fit un ouvrage intitulé *Sentences* ; mais c'eft un abregé de Theologie. Hugues de Saint-Victor travailla à une plus ample Theologie auffi intitulée du nom de Sentences. On dit la même chofe de Guillaume de Saint-Thierry & de Pierre de Poitiers Chancelier de Paris. J'en ai trouvé d'écrites au XII. fiécle, dont l'Auteur fe nomme Othon

Chron. s.
Trud.
Spicil. t.
7. pag.
439.

In Bibl.
S. Ma-
rie
Parif.

In Bibl.
S. Ma-
riani
Aurif.

ou Odon. Mais il est toujours vrai
de dire que celle de Pierre Lombard
fut la plus ample, & la plus methodique, en ce qu'elle imita celle des
Canons ramassée par Yves de Chartres.

Les Peres de l'Eglise ne furent
donc pas moins estimés par les gens
doctes & pieux au XII. siécle, que
dans le siecle précedent. Pierre de
Celles dépeignoit ainsi un Moine appliqué à les étudier : *Sedes ad mensam
divitis Augustini . . . . benigni Grego-
rii, pecuniosi Hieronymi, gloriosi Am-
brosii, Bedæ omnium monetarum num-
mosi, profundissimi tanquam maris
magni Hilarii, suavissimi eloquii Ori-
genis. Si nova placent, ecce magistri
Hugonis, ecce magistri Gileberti, &
magistri Petri scripta.* Ce passage fait
voir le jugement que l'on portoit
alors des Peres de l'Eglise, & quels
étoient les Theologiens du XII. siécle que l'on regardoit à la fin du même siécle comme les plus orthodoxes
& les plus feconds. S. Augustin est
nommé le premier. Sa lecture avoit
converti à la fin du XI. siécle le celebre Odon d'Orleans, depuis Evêque

*Lib. 7.
Ep. 18.
atque ad
mandam mo-
nachum
de S. Ber-
tino.*

*Spicil. t.
12.*

de Cambray. Lambert d'Ardres écrit que Baudoin Comte de Ghisnes au XII. siécle l'avoit pris pour son Theologien. Deux écrivains de la vie de S. Loüis marquent les œuvres de ce Saint Docteur comme les premieres que ce Saint Roy lisoit aprés les livres sacrés. L'érudition universelle d'Hugues de Saint-Victor est très-connuë. Thomas de Cantinpré le qualifia de second Augustin. Celle de S. Bernard l'est encore davantage. Dès-le XIII. siécle Guillaume Moine de Citeaux avoit fait un volume d'extraits de ce Pere qu'il avoit intitulé *Bernardinus.* Gilbert Diacre de l'Eglise d'Auxerre, depuis Evêque de Londres fut surnommé l'Universel à cause de l'étenduë de ses connoissances, & l'Histoire Sacrée de Pierre Doyen de Troyes, quoiqu'aujourd'hui peu estimée, fut aussi appellée communément l'Histoire Scolastique par la grande reputation qu'elle avoit.

La Somme des Sentences de Pierre Lombard étant la plus remplie d'autorités des Peres, l'emporta comme je l'ai dit sur tous les autres extraits. On la lisoit communément & on l'expli-

Duché-ne t. 5. p. 397. & 457.

Lib. 2. Cap. 17.

Annal. Bened. t. 6. ad an. 1144. ex Bibl. Cisterc.

quoit dans les classes de Theologie.
Comme les livres coûtoient beaucoup à écrire, & que la gravûre n'é-
toit pas usitée comme à present, il y
avoit sur les murs des classes de grandes peaux étenduës, sur les unes des-
quelles étoient representées en forme
d'arbre les Histoires & Genealogies
de l'ancien Testament, & sur d'autres, le Catalogue des vertus &
des vices. On peut voir un modéle de ces arbres dans les œuvres
de Hugues de Saint-Victor. Pierre *Hug.*
le Poitevin Chancelier de N. D. de *Vict. t.*
Paris est loüé dans un Necrologe *3. p. 254.*
pour avoir inventé ces especes d'es-
tampes à l'usage des pauvres étudians
& en avoir fourni les classes. Abailard avoit eu une idée fort singuliere
pour réprefenter la Sainte Trinité à
ses écoliers & à ses Religieuses. Il
avoit fait tailler un bloc de pierre,
de maniere qu'il representât trois
corps adossés avec un visage entierement semblable. Le premier disoit: *Annal.*
Filius meus es tu: Le second répondoit *Bened. t.*
Pater meus es tu: & le troisiéme ajoû- *6. p. 85.*
toit: *Ego utriusque spiraculum* (*).

(*) Il en étoit resté quelque chose dans les

L'établissement d'une chaire Theo-
logale qui avoit été ordonné dans un
Concile de Latran sous Alexandre
III. fut confirmé en un autre tenu au
même lieu en 1215 , & renouvellé
par le Pape Honorius III.Mais la Ville qui en eut le moins de besoin fut celle de Paris.Pierre Lombard avoit,à ce
que l'on croit, établi dès le milieu du
XII. siécle dans les études de Theologie de Paris plusieurs sortes de de-
grés à l'imitation de ceux de Boulogne nouvellement créés : de sorte qu'il
y avoit un grand nombre de Professeurs
en Theologie. Au lieu de continuer le
nombre de ces Professeurs, Innocent
III.les reduisit à huit à cause des soupçons que l'on eut contre quelques-uns
au sujet de l'hérésie des Albigeois.

L'Histoire de ce siécle rapporte
les changemens qui survinrent par
rapport à la Theologie après l'établissement des Religieux mendians.
Ce qui en résulta de plus utile aux
Théologiens furent les conferences
qu'on assure qu'Albert le grand éta-

anciens Missels manus-
crits à la Fête de la Trinité : & les fondateurs
des Celestins de Mar-

coucies ont fait mettre
au portail de l'Eglise
une semblable figure,

blit en faveur des étudians. Pendant ce tems-là la Scolaftique prenoit racine de plus en plus, & la Théologie voyoit enfanter, finon des nouveautés, au moins des termes nouveaux. On fçait, que c'eft Guillaume d'Auxerre Profeffeur à Paris, qui c'eft fervi le premier des termes de *materia* & de *forma* dans le fens qu'ils font employés au traité des Sacremens. On feroit un volume, fi on entreprenoit de recuëillir tout le jargon de diftinctions qui fut alors mis en ufage. Auffi S. Loüis ne lifoit-il pas volontiers les Traités de ces Profeffeurs : *Non libenter legebat in fcripturis magiftralibus, fed in Sanctorum libris autenticis & probatis.* Ce furent ceux-ci principalement qu'il eut foin de faire copier, & non pas les autres. Mais une chofe des plus falutaires que ce Saint Roy ordonna pour le progrès de la Theologie Chrétienne, fut la recherche des livres du Thalmud que les Theologiens de Paris avoient condamnés. Il commenda que de tout le Royaume on les apportât à Paris pour les brûler. L'année de fa mort il y eut une affemblée chez

Gaufrid. de Belloloco cap. 23.

Hift. Univ, Paris t. 3.p.191. & pag. 682.

l'Évêque de Paris où il fut dit entre autres choses, que le Recteur de l'Université & les Procureurs de la faculté des Arts seroient avertis d'empêcher que dans les cours de Philosophie on ne traitât d'aucune matiere Theologique ; parce qu'on avoit été informé combien tout s'y traitoit problematiquement : & l'année suivante la faculté des Arts se conforma aux intentions du Prélat.

Hist. Univ. t. 3. pag. 197.

Il ne sortoit plus alors de la plume des Theologiens que des Sommes qu'ils appelloient *Quodlibetiques*, parce qu'on y traitoit de toutes les matieres Theologiques dans lesquelles on pouvoit agiter le pour & le contre. Pierre de Tarentaise Dominiquain, depuis Archevêque de Lyon & enfin Pape, en fit une. Ranulfe d'Humblonieres Evêque de Paris en composa une autre vers l'an 1260. Pierre d'Auvergne Chanoine de Notre-Dame de Paris en écrivit une troisiéme vers l'an 1270. Ce fut dans ce même tems que S. Thomas d'Aquin composoit sa grande Somme. On en eut aussi de Godefroy de Fontaines Chancelier de la même

Cod. Victorin ex Oudin t. 3. pag. 491. Cod. Colbert. 953. Hist. Univ. p. 465. & 680. Oudin pag. 584.

Eglise

Eglise de Paris vers l'an 1280 ; &
de Jacques de Thermes Abbé de
Chaalis sous le regne de Philippe le
Bel. Il falloit, que ces sortes de Sommes Theologiques meritassent alors
quelque estime, puisqu'il y en a un
certain nombre nommées parmi les
livres du Recteur de ces tems-là. Ce
ne peut être que de ces sortes d'opuscules qui étoient à bon marché, dont
le Synode de Bayeux de l'an 1300
recommenda la lecture aux Curés,
lorsqu'il les exhorta à étudier la
Theologie. Il est vrai qu'alors il s'é-
toit déja fait des copies de la Somme de Saint - Thomas , mais elles étoient encore trop rares & trop
cheres pour être entre les mains de
tous les Prêtres. Cette Theologie de
S. Thomas est bien posterieure à son
explication des quatre livres des Sentences , & bien plus étenduë. On y
compta plus de trois mille articles, &
au-delà de quinze mille argumens ou
difficultés éclaircies. A mesure qu'on
en rendit la lecture plus commune,
on s'apperçût qu'il n'y avoit point de
corps de Theologie plus parfait ,
tant pour le fonds, que pour la forme.

M

ETAT DE LA SCIENCE DE L'ECRITURE SAINTE.

Et de celle de la Liturgie, &c.

LA connoissance de l'Ecriture Sainte a toûjours fait la principale partie des études Théologiques. Et comme le texte sacré est susceptible de plusieurs sens, si cette connoissance a été longue à acquerir, elle a aussi rendu très-habiles ceux qui l'ont acquise dans les differens tems. Guibert de Nogent qui fit ses études dans l'onziéme siécle, nous assûre qu'étant Moine de Flay au Diocése de Beauvais, il alla au Bec, qu'il y apprit à expliquer l'Ecriture selon ses trois ou quatre sens ; ce qui lui donna le talent de la prédication, ensorte qu'à son retour il fut en état de faire un sermon sur la Magdelene. Son Abbé n'approuva pas qu'il poursuivit cette étude : Il fut obligé de se cacher, pour rediger son Commentaire sur l'ouvrage des six jours, & il ne l'acheva qu'après la mort de ce Superieur. Il y dit qu'il préfere le

fens moral au Tropologique & à
l'Allegorique, parce qu'il le croit
apparemment plus utile. Lanfranc
contribua au moins autant que St
Anfelme au progrés de l'étude de
l'Ecriture Sainte. Sçachant que les
copiftes avoient gâté les livres, il entreprit de les revoir, & la reputation
qu'il s'attira par fes travaux s'étendit jufques bien avant dans l'Allema-
gne. Etienne Abbé de Citeaux fit
auffi corriger le texte de l'ancien Tef-
tament de la Bible de fon Monaftere: mais il appella à fon fecours comme je l'ai déja infinué cy-deffus, des
Juifs verfés dans l'Hebreu & le
Chaldaïque. Il étoit en effet impoffible de donner fans cela des Commen-
taires exacts. Et comme dans tous les
tems dont je traite, il y a eû de ces Com-
mentateurs, il étoit neceffaire pour eux
de s'affurer de l'exactitude du texte.
On ne peut comprendre la hardieffe
d'Abailard, qui tout nouvellement
forti des Etudes de la Dialectique entreprit d'expliquer Ezechiel. On peut
conclure fans doute que ces fortes de
Commentaires ou Paraphrafes ver-
bales étoient fort fuperficielles. Qn

M ij

Walca-
rann.
Bam-
berg.
Pref. in
cant.
cantic.
Ampl.
collect.
T. 1. col.
506.

Annal.
Bened t.
6. pag.
141.

ne se contenta donc pas de trouver
des explications toutes faites par les
anciens ; chacun voulut en donner à
sa façon. Ce fut un sujet de reproche,
que Berenger de Poitiers fit à S. Bernard, de ce qu'après Origene, après
S. Ambroise, après Rhétice d'Autun, (a) & après Bede, il avoit osé
travailler sur le Cantique des Cantiques, *& tourner en pleurs un livre de
joye.* Radulfe de Flay ou de Saint-Germer fit vingt livres sur le Levitique malgré la sterilité du sujet. La
glose interlineaire passe pour être du
siécle de ces Auteurs, c'est-à-dire
du XII. Les uns l'attribuent à Anselme de Laon, d'autres à Gilbert Diacre d'Auxerre, sous le regne de Loüis
le Gros & de Loüis le Jeune. Celle-là est fort courte, & n'a dû gueres couter à son Auteur. Zacharie de Chrysople (par où il faut peut-être entendre
Besançon) composa une concorde
des quatre Evangelistes. Un anonyme qui écrivoit vers l'an 1170 ne
conseilloit à Hugues son ami au sujet
de l'intelligence de l'Ecriture Sainte,
que de se munir d'un livre qu'il ap-

*Hist.
Univers.
Paris. t.
2. pag.
386.*

*Thes. anecd. t. 1.
p. 488.*

(a) Je croy qu'il a voulu dire Remy d'Auxerre,

pelloit en latin *Derivationum*, qu'on
trouvoit dit-il dans les grandes Bibliotheques, & du livre appellé *Par-*
tionarius ou Gloffaire, duquel il dit
que plus il eft ancien, plus il renferme de mots inconnus.

L'étude de la lettre des livres fa-
crés, ou de leurs fens litteral ne fût
pas également eftimée de ceux qui fe
piquoient d'érudition au XII. fiécle.
Il y en eut qui foutinrent que ce n'é-
toit pas une fcience. Eft-ce par exemple une fcience, difoient ils, de connoître qu'Abraham a eu deux fils; que
le même Patriarche a eu tant de
bœufs, Sebeon tant d'ânes, Job
tant de chameaux? pauvre litterature
felon eux. Heloïfe femme éclairée
pour ce temps-là, n'étoit pas dans de
tels fentimens Elle ne ceffa de propofer à Abailard les difficultés littera-
les & autres qui l'arrêtoient dans l'E-
criture Sainte; celui-cy fut quelquefois embarraffé à lui en donner la fo-
lution, & en certaines occafions il
ne la paya que de paroles : comme
quand elle lui demanda pourquoi il
n'y eut que les quadrupedes & les
oifeaux qui furent amenés à Adam

Petrus
Blef.
Sermône.
12. in
Quadr.

pour recevoir des noms, & non pas les reptiles ; il ne pût lui en donner qu'une raison mystique qui n'est aucunement satisfaisante.

Quoique la plupart du tems nos sçavans de Paris du XI. & XII. siécles ne fussent pas en état de mieux resoudre les doutes sur l'Ecriture Sainte, on ne laissa pas de les appeller *Magistros in sacra pagina*, autrement *Maîtres en Divinité* : & la Ville de Paris passa toujours comme le disoit Philippe Harveng pour une Cariathsepher ; c'est-à-dire Cité des lettres sacrées ; ou comme s'exprime Pierre de Blois pour une seconde Abela dont on pouvoit dire, *qui interrogant interrogent in Abela,* passage que cet Auteur détournoit de son sens naturel. (a).

(a) S. Bernard fut celui de tous les Sçavans de nos trois siécles qui posseda le mieux le langage de l'Ecriture Sainte ; il en employa les tours, & même les mots pour exprimer tout ce qui se présenta, mais non pas dans des usages si bas que l'a fait une fois Etienne de Tournay qui dans une de ses lettres parlant d'un beau cheval qu'on lui avoit envoyé employe au masculin ce qui est dit au feminin dans le Cantique des cantiques, & dit *Totus pulcher est & macula non est in eo.* Il fut aussi très-éloigné de faire comme Pierre de Celles qui prit pour texte d'un de ses Sermons sur l'Ascension ce cri des enfans contre Elisée *Ascende calve.*

Si l'on ne prit pas alors les vrais moyens d'entendre l'Ecriture Sainte, il paroît que dans le XIII. siécle on tenta une nouvelle voye d'en developer le sens naturel, mieux qu'on n'avoit fait jusques-là. Ce fut de rapprocher les textes semblables. Hugues de Saint-Cherfs ou de Vienne Cardinal de l'Ordre de Saint-Domique, ayant reyû & corrigé la Bible en entier, & mis en marge les variantes des Manuscrits Hebreux, Grecs & anciens latins écrits sous Charlemagne, (a) fit travailler à la concordance de tous les textes, par des Religieux du Couvent de St Jacques de Paris, d'où vint qu'on les appella d'abord *Concordantiæ Sancti Jacobi.* Cet ouvrage fut si fort applaudi, que les Grecs & les Juifs entreprirent d'en faire un semblable. On n'est pas d'accord parmi les sçavans sur celui qui fit le partage de la Bible en chapitres, sans quoi il étoit impossible d'executer cette Concordance. Genebrard croit qu'il fut fait

Echard Tom. 1. *p.* 197. *ex chron Treveth. ad an.* 1243.

(a) Une Bible ainsi apostillée en deux volumes fut payée deux cent livres par Etienne Tempier Evêque de Paris: ce qui reviendroit bien à mille livres d'aujourd'hui. Cet Evêque mourut en 1273. *Hist. Eccl. Parisf. pag.* 503.

en ce tems-ci. Baleus le dit d'Etienne de Langton Archevêque de Cantorbery qui demeura long-tems en France (*a*) Quoiqu'il en soit, dès l'an 1236 on commençoit parmi les Dominiquains à trouver dans l'Ecriture Sainte de nouveaux sens litteraux, que le Chapitre Général défendit d'adopter. Et en 1256 il fut déclaré par le Chapitre General du même Ordre tenu à Paris, qu'on n'approuvoit pas les corrections de la Bible de Sens, & qu'on ne vouloit pas que les Religieux s'appuyassent sur ces corrections.

Je croi ne devoir pas finir mes remarques sur les mesures que l'on prit pour le progrés de la science de l'Ecriture, sans faire observer que dans presque tous ces siécles on s'est cru proche du tems de l'Ante-chrift. Cette opinion ne fut pas si commune dans l'onziéme, où l'on ne faisoit que de sortir de l'époque que l'on avoit cru être la fin du monde. Mais dans le XII. Hugues Metellus écrivoit hau-

Hist. Univerf. Parif. t. 3. p. 197.

Thef. anecd. t. 4. cal. 1673.

(*a*) Il avoit été Chanoine de Notre-Dame de Paris avant son Epiſcopat. Il se retira depuis à Pontigny au Diocese d'Auxerre,

tement

tement à Adalberon Archevêque de
Treves, *Tempora Antichristi immi-*
nent. Arnoul Archidiacre de Séez
obferve qu'on publioit de fon tems
que Pierre de Leon Antipape étoit
l'Antechrist , & il en apporta les
preuves qui font curietfes à lire (a).
Adam de Perfeigne ne fut pas fi fimple, que d'ajoûter foi à l'Abbé Joa-
chim lorfqu'il lui dit à Rome que
l'Antechrist étoit alors dans l'age de
l'adolefcence. En 1250 on crut tout
de bon que l'arrivée de l'Antechrist
étoit prochaine , à la vûë de la dé-
folation que les Tartares , les Sarra-
zins & les Albigeois avoient caufé
parmi les Chrétiens : & peu s'en fallut que Guillaume de Saint-Amour
ne le dit , lorfqu'il parla des féduc-
teurs prédits par S. Paul.

Autant ces méprifes des fçavans
du XII. & XIII. fiècles marquent

Ep 6. In
S. Antiq.
P. Hugo.
Præm.

Oudin
T. 2. col.
1682.

Hist.
Univerf.
Parif. t.
3. pag.
240.

Depert-
eil. nos.
temp. P.
55.

(a) Il s'appuyoit fur
ce que *primò*, ce Pierre
étoit de race Juive ; *fe-*
cundò fur ce qu'il ai-
moit qu'on l'appellât la
ruine de l'Univers *Rui-*
na urbis, & qu'il s'en
félicitoit même, comme
il arriva à Vezelay, où
par ce principe il déclara
qu'il aimoit naturelle-
ment à voir détruire des
edifices : *tertiò*, fur ce
qu'il aimoit le gout de
l'encens dans les fauffes
& les ragoûts. *Spicileg.*
Tom. 2.

leur peu d'habileté à pénétrer dans l'avenir qui n'eſt connu que de Dieu ſeul, autant leur ſentiment ſur les épreuves du feu, de l'eau, &c. prouve qu'ils ne croyoient pas le tenter en l'engageant à leur découvrir le paſſé. Anſelme de Laon, cet oracle des Théologiens au XII. ſiécle, en fit faire une fort ſinguliere pour connoître les auteurs d'un larcin commis au tréſor de la Cathedrale. Les Théologiens de Soiſſons firent baigner en ceremonie, auſſi au commencement du même ſiécle, les habitans de Buſſi le-long qu'on ſoupçonnoit de Manicheiſme; c'étoit auſſi la ſeule épreuve que Samſon Archevêque de Reims permit alors à certaines conditions, car il ne ſouffrit point celle du feu. Pierre le Chantre les regarda toutes generalement comme fort douteuſes.

Hiſt. reſtaur Ecile Laudun poſt opera Guib. Novig.

Guib. l. 3. de vita ſua cap. 16.

Verbi Abbrev. cap. 78.

Je paſſerai legerement ſur la Théologie de la Chaire. Il ſuffit d'ouvrir la Bibliotheque des Peres, pour connoître que plus on s'éloigna des anciens tems, moins on prêcha bien. Les Sermons du XI. ſiécle ſont plus ſententieux que ceux du XII. Ces

derniers ont quelquefois plus de citations : mais si on excepte ceux de S.
Bernard & quelques autres, ils ne
sont pas plus remplis d'onction. La
Scolastique commença sur la fin à s'y
introduire ; & dans le treiziéme siécle rien ne fut plus commun que d'entendre prêcher dans un style bas &
rampant. On s'imaginoit que l'arrangement methodique des divisions
& soudivisions devoit tenir lieu
d'onction. Le Docteur Alain avoit
été au devant de ces défauts dans sa
Somme *de arte prædicatoria* : mais
toute excellente qu'elle étoit, elle
fut peu suivie. (*) L'Ordre des Dominiquains se distingua parmi les
meilleurs Prédicateurs. L'un de leurs
Generaux né en France prit la peine
de dresser un canevas pour toute forte de Sermons suivant la composi-
tion de l'auditoire, devant les personnes de tout état & condition, Ecclesiastiques, Ordres Religieux, gens
du monde ; & pour toutes les circonstances imaginables, baptêmes,

(*) Humbert de Ro-
mans *Tom.* 25. *Bibl.*
Patrum. Quelques-uns
croyent que cette collec-
tion est plûtôt de Guil-
laume Perald celebre
Dominiquain François.

premieres Messes, déposition d'Evêques, tenuë de Parlemens, Tour-
nois, Foires, Marchés, &c. Les
Evêques ne negligeoient point pour
cela le devoir de la prédication. Il
y en eut qui rédigerent eux-mêmes
leurs Sermons par écrit, & qui les
croyant dignes de passer à la posterité
les leguerent à des Abbayes dont les
Bibliotheques étoient celebres (a).

La Théologie du tribunal de la
Pénitence souffrit aussi ses varietés.
Comme c'est un sujet qui a été traité
par d'habiles gens, j'observerai seulement par rapport à l'Histoire de
France, que la maison de Saint-Victor de Paris fut le lieu où l'on cultiva
le plus cette science dans les deux
derniers siécles dont il est question, &
que les ouvrages de ce genre y ont
été fort communs,

Pour ne rien omettre dans ce discours, je dirai un mot sur les écrivains liturgiques qui ont figuré avec

(a) Thibaud qui de Chanoine de Troyes fut fait Evêque de Challon sur Saone du tems de St Loüis fit au Monastere de la Ferté sur Grone, où il élut sa sepulture, un legs de ses Sermons en ces termes : *Sermones nostros, quos propriâ manu scripsimus.* Camuzat. Promptuar.

les Théologiens. Jean Evêque d'A-
vranches fut dans l'onziéme siécle le
plus considerable parmi les François.
S'attachant à la lettre, il n'est pas
farci de raisons mystiques, la plûpart
part fausses ou arbitraires; comme on
en trouve dans ceux du douziéme &
du treiziéme; sçavoir l'Abbé Ru-
pert, Hugues de Saint-Victor, Be-
leth, Pierre Chancelier de Chartres,
Guillaume d'Auxerre, Durand de
Mende, & Guibert de Tournay : On
peut rendre justice à ces écrivains en
les envisageant plûtôt comme de sim-
ples Historiens des rites, que comme de graves Théologiens. Cette
matiere étant fort peu éclaircie dans
ces trois siécles, produisit une infinité de questions, & même de disputes dont les décisions se trouvent dans
les collections publiées de nos jours. *Thes.*
Une des plus singulieres fut s'il étoit *anecd.*
permis de dédier des Eglises sous le *Marten.*
titre du Saint-Esprit comme avoit *& Am-*
fait Abailard. Les Breviaires ou ex- *pliss. Col-*
traits des livres de chœur déja con- *lect.*
nus avant l'onziéme siécle, se multiplierent depuis. Le nombre en étoit
étonnant au XIII. siécle : & en plusieurs Diocéses chaque Eglise même

Conftit. Odonis Epifcopi Parif. Nicol. Gellent. Ep. An- dega. an1261. & 1270. de la campagne étoit tenuë alors d'avoir un extrait de l'Ordinaire de la Cathedrale, afin que chacun fût inftruit dans la fcience des cérémonies Ecclefiaftiques. L'Ecriture Sainte ne fut pas le feul livre d'où l'on tira ce qui formoit les parties de chant. On en a la preuve dans les Offices compofés par S. Bernard & par tant d'autres, & même dans celui de S. Loüis qu'Arnoul Dupré Dominiquain redigea, & qui fut autorifé par Philippe le Bel. L'Office du S. Sacrement compofé par Saint Thomas d'Aquin, fut dans un goût tout nouveau, que l'on a rendu plus commun de nos jours.

CONNOISSANCE DE L'HISTOIRE:

ETAT DE LA CRITIQUE.

Science des Antiques.

Comme dans tous les tems il y a eu de nouveaux évenemens, il y a eu auffi des perfonnes attentives à les tranfmettre à la pofterité. L'Hiftoire Ecclefiaftique & profane; Celle des guerres, des Princes, des Evê-

ques ont eu differens écrivains. De là
se sont formées les Chroniques, les
Annales, les Legendaires, les Mar-
tyrologes, les Obituaires ou Necro-
loges, & même les Cartulaires. Cette matiere est trop vaste pour être
discutée ici comme elle le meriteroit.
Ces ouvrages ont été plus ou moins
parsemés de faussetés ; selon que les
Auteurs ont eu plus ou moins de critique : car l'erreur s'est toujours pré-
sentée sous les apparences de la verité en ces siécles-là, comme dans les
précedens, & tous les écrivains n'é-
toient pas également précautionnés
contre les fables. L'étude de l'Histoire a été protegée dans l'onziéme & le
douziéme siécle par plusieurs Evêques & Abbés du Royaume qui ont
fait écrire ou retoucher les gestes de
leurs prédecesseurs (a). L'Histoire a
été écrite par une infinité de Moines
qui se sont plû à faire connoître leur
Monastere ; par des Ecclesiastiques
qui vouloient faire honneur à leur pa-
trie (b), & inspirer la veneration

Voy. la Fibliotheque Historique du Pere le Long.

(a) Godefroy de Champaleman Evêque d'Auxerre sous le regne de Henry I. Baudry Evê-que de Cambray, &c.
(b) *Willelm. Pratellenf. Archld. Lexov. Gesta Normannorum.*

envers leurs Saints particuliers, par des Comtes qui ont pris la peine de la rediger eux-mêmes, comme Foulques Comte d'Anjou au XI. siécle, & les Comtes de Ghisnes au XII. qui trouverent un bon écrivain dans Lambert Prêtre d'Ardres. L'Histoire ne fut pas non plus negligée dans le treisiéme siécle ; on y écrivit des vies de Saints, on y continua des chroniques.

Helgaud. Hugues de Fleury Guill. de Nangis. Les actions des nos Rois furent celles sur lesquelles l'attention des Religieux, principalement ceux de Saint Benoît sur Loire & de Saint-Denis se tourna entierement. Le goût de la fable, ni du merveilleux, ne trouva gueres d'accès dans ces derniers écrivains, quant aux evenemens de leur tems sur lesquels ils n'auroient pas manqué d'être démentis. Mais en quantité de Villes & d'Eglises particulieres, les Historiens farcirent leurs collections de fables & quelquefois de puerilités. Il y eut trois sortes d'écrivains en fait d'Histoire. Les uns qui croyoient tout, & qui l'écrivoient de même: D'autres qui écrivoient bien des choses ?

& n'en croyoient qu'une partie : D'autres enfin qui dans le cours de leurs
narrés aimoient mieux se taire sur
certaines choses que d'écrire des
fauffetés ou des faits douteux. De
cette derniere claffe fut l'Anonyme
Auteur de la vie du Venerable Pop-
pon Abbé de Marchiennes, Baudri
de Cambray, Foucher de Chartres.
Je ne puis entrer dans le détail des
autres. Quoique ces trois fortes
d'Hiftoriens ne foyent pas également
eftimables, on ne doit pas cependant
nier qu'il n'y ait eu quelquefois à profiter dans leurs Hiftoires les plus
fabuleufes, comme font celles de
Cefaire d'Heifterbach, de Thomas
de Cantimpré ; parce qu'en rappor-
tant des faits fabuleux, ils ne peuvent fe difpenfer de les revêtir de cir-
conftances qui indiquent les ufages
de leur temps (a). La Secte des Cor-

Præf.
vitæ
Popp.
Baldr. ;
passim.
Thes. a-
necd. t.
1. p. 364.

(a) J'en dis autant de ceux qui mirent les faits de l'Hiftoire en vers vulgaires. Ces écrivains ne doivent pas paffer pour fort exacts. Ils s'ar- rogeoient des licences de plus d'une forte. On en fera convaincu en li- fant une chronique de faits choifis du XIII. fiécle que je pourrai donner au Supplement. Ces Poëtes s'applique- rent quelquefois à des fujets qu'on regarderoit aujourd'hui comme peu intereffants. Il feroit bon de voir là-deffus l'ouvra- ge indiqué par Sanderus

Metal. l. 1. cap. 3.

nificiens dont parle Sarisbery eut été moins blamable si elle n'eut regardé comme *infames* que ces sortes d'Historiens : mais elle en vouloit à tous les Historiographes. Il paroît qu'elle ne lisoit ni les anciens ni les modernes.

C'est aux Historiens même que nous avons l'obligation d'être informés de l'état où étoit en ces trois siécles la science de l'Histoire. Sans eux nous eussions ignoré par exemple, qu'il y eut alors des critiques sensez ; que Gerard Evèque de Cambray refuta l'écrit prétendu venu du

Baldr. Camer Chron. l. 3. cap. 52.

Ciel après la mort du Roy Robert qui ordonnoit de quitter les armes, & de pratiquer l'abstinence les vendredis & les samedis : Qu'on ne voulut pas croire certaines femmes qui

Alberic. Chron. ad an. 1095.

dirent du tems de la premiere croisade, que c'étoit par un miracle, que la Croix se trouvoit imprimée sur leur chair : Qu'il y eut bien des gens

pag. 209. dans le Catalogue des manuscrits de la Cathedrale de Tournay, en ces termes : *Un livre en vieux françois de quelques jotûtes & festins faites à Chavancy en Bourgogne ; dont est auteur Jean Breter qui commença le livre en 1285. en Saumes en Aufay,* apparemment à Salmaise en Auxois.

qui rejettoient l'ancienne prophetie attribuée à Sainte Luce fur Diocle-tien & Maximien.

On reconnut un goût de critique & de difcernement dans plufieurs autres Hiftoriens. Robert du Mont-Saint-Michel paffa en general pour avoir été très - judicieux. Robert d'Auxerre orna fa Chronique d'un beau trait en faveur de la verité, lorfqu'il eut occafion de parler de l'Hiftoire de l'Invention de la Croix. (a) Abailard qu'on fçait avoir dif-tingué plufieurs Saint-Denis, ne regarda que comme un conte tout ce qu'on difoit tiré d'un écrit de Seth touchant l'étoile des Mages. Sarif-bery regarda l'Hiftoire de S. Eufta-che comme pieufe, mais non comme autorifée ; & il rejetta le livre inti-

Sigebert in ult. cap. de fcript. Ecclef.

Sermone de Epiphania.

Poli-crat.l.1. cap. 14. Lib.2.c. 17.

(a) Il combattit l'exif-tence du St. Quiriace Evêque de Jerufalem. Et ajoûta ces mots. *Confutandum eft igitur quod fic & autoritas refellit & ratio, arbitrandum que eft figmentum effe falfitatis, cum ibi nullum eluceat veftigium veritatis. Quod fi quis afferat hoc ideo effe tenendum quia recitari in Ecclefia ex longa confuetudine fit inductum, fciat quia ubi ratio repugnat ufui, neceffe eft ufum cedere rationi.* M. de Tillemont a connu cette Sentence de Robert. *fol.* 48. chron. & s'en eft fervi à propos.

tulé *Conjectorium Danielis.* Guigues
General des Chartreux eut le talent
de discerner les vrayes lettres de
S. Jerôme d'avec les fausses. Clarius Moine de Sens renvoyoit au jugement des sçavans ce qu'on disoit
des miracles d'un pelerin de Château-
landon. L'Evêque de Soissons défendit en 1173 de consulter une fille
qui se disoit doüée de l'esprit de Prophetie. Pierre de Celles s'abstint de
grossir son recüeil des miracles de S.
Thomas de Cantorbery par une regle digne de nos plus sévéres critiques (a). Enfin le culte superstitieux
d'un prétendu S. Guinefort ne fut découvert & rejetté, que par l'attention
d'un Dominiquain à certains faits
dont on lui parla. Voilà quelques
exemples de l'usage d'une saine critique dans les siécles dont je parle.

Mais les exemples de la fausse cri-

Epist. ad Durbonenses.

Spicil. t. 2.

Albéric chron.

Script. ordin. Præd. t. 1. p. 193.

(a) *Nolui certa pro incertis scribere: superflua enim sunt impendia lucerna ubi sol meridianus lucet in virtute sua, & denigrat majestatem verorum admixtum modicum fermenti mendacii & falsitatis. Credo magis laborandum, ut plura demantur miracula qua merâ veritate fulciuntur in gloria Dei & prefati martyris, quam ut aliqua furtiva & emendicata supponantur.* Petrus Cellensis lib. 6. Epist. 11. ad Priorem Cantuar.

tique & de méprises insignes furent bien plus communs. A Perigueux en l'an 1072 sur ce qu'on trouva aux doigts d'un Evêque dont on y découvrit le corps dans l'ancienne Eglise de Saint-Pierre, un anneau sur lequel on lisoit distinctement *Papa Leo*, on s'imagina que ce devoit être le corps de Leon III. Pape sous Charlemagne lequel seroit venu mourir en France; & cela parce qu'on ignoroit alors que le titre de *Papa* se donnoit plus anciennement à tous les Evêques. Ives de Chartres crut que nos Rois de la premiere race s'étoient fait sacrer chacun dans le canton de leur Royaume. Hugues de Flavigny voulut vers le même tems faire le critique sur l'étymologie de Verdun en commençant la Chronique de la même Ville : & il ne rencontra guéres mieux que ceux qui l'avoient précedé. Guibert de Nogent crut aussi veritable l'histoire de Quilius Roi Breton, qui alla visiter les Apôtres à Jerusalem, & il admit une inscription *Virgini parituræ.* Abailard croyoit aux Sibylles & à ces fameux vers mysterieux qui commencent par ces mots :

Breviar. Petrago-ric. an 1559. *ad* 12. *Novemb.*

Epist. 7°.

Labb. t. 1. *Bibl. MS.*

De vita sua l. 2.

Epist. 7.

Judicii signum, tellus sudore madescet.

Il ajoûtoit pareillement foi à la lettre de Seneque à St Paul. Hugues Metellus admettoit les faux actes de *Epist. 1.* S. Jean l'Evangeliste, où il est parlé du Philosophe Criton. Il croyoit aussi *Epist.* que S. Gregoire Pape avoit prié *19.* pour Trajan. Sarisbery étoit persuadé que les corps des trois Rois *Ep. ad* étoient conservés à Cologne ; il ajoûtoit pareillement foi à la donation des *Gerard Putelle t. 1. Ep. S. Thom. Cantuar. Ep.* Isles faite à l'Eglise Romaine par l'Empereur Constantin. Pierre de *171.* Blois pensoit comme les Limosins, *Meta-* que S. Martial Apôtre de Limoges *log. l. 4.* étoit le jeune homme de l'Evangile. *cap. ult.* Dans le même tems plusieurs ajoûtoient foi à un livre de la Conception *Serm. de* de la Vierge faussement attribué à S. *Sto Ni-* Anselme. Les Moines de Saint-De- *colao.* nis tenoient pour authentique une *Annal.* inscription qui portoit que S. Euge- *Bened. t.* ne dont ils avoient le corps étoit l'E- *5. p. 328.* vêque de Tolede, & ils la mon- *Hist. S.* trerent à Raimond Archevêque *Denis p.* de cette Ville allant en 1148 au *196.* Concile de Reims, aussi-bien qu'une legende qui contenoit les mêmes

faits. Arnold Comte de Ghisnes re- *Lamb. Ardr. cap. 17.*
gardoit comme veritables les fables
de Roland & d'Olivier. Guillaume
le Breton croyoit au XIII. siécle
qu'une pyramide qu'on voyoit alors *Duchê-ne t.5.P. 69.*
proche la Ville de Tours, étoit éle-
vée sur le corps de Turnus, qu'il disoit fondateur de cette Ville. Nangis
parut persuadé de l'Histoire de Jean *In Chr.*
des Tems qui auroit vêcu depuis
Charlemagne jusqu'à l'an 1139. On *Hist.*
ajoûta foi communément au livre des *Univ. Paris. t.*
douze Patriarches. Baudouin Pré- *3 p. 250.*
montré de Ninove mit en sa Chroni- *ex Matt. Paris.*
que le transport de S. Antide Evê- *Sacr. an-*
que de Besançon à Rome par le dia- *tiq. Hu-*
ble. Richer de Senones marqua dans *got. t.2.P.*
92.
la sienne une apparition de S. Denis *Spicil. t.*
à Philippe Auguste assez semblable au *3.*
conte qu'on avoit fait sur Dagobert.
Guillaume de Saint-Amour cita dans *Op. Guil.*
ses écrits les faux actes de St Simon *p. 447.*
& St Jude. Enfin la Legende dorée
de Jacques *de Voragine* encherit sur
Vincent de Beauvais, & inonda tou-
te la France de fables : & toute mau- *Spicil. t.*
vaise qu'elle fut, elle eut le credit de se *11. pag.*
165.
voir citée dans un Synode d'Angers.
Je n'ai point insisté sur les fables

de Merlin , fur lefquelles nos fçavans de France furent partagés , fuivant le parti qu'ils tenoient par rapport au Roi d'Angleterre. Arnoul de Li-fieux y ajoûta foi auffi-bien que l'écrivain appellé Alain, & Baudoüin de Ninove. Pierre de Blois au contraire les méprifa (ª). Sarisbery attefte qu'on n'en faifoit pas grand cas & il les expliqua à fa maniere. On voit-là qu'il agiffoit par reffentiment.

Les curieux du onziéme & douziéme fiécle exercerent quelquefois la fagacité de leur critique fur les Bulles qu'on difoit être des Papes ou fur les Chartes des Seigneurs. Dom Mabillon a fait obferver que dans l'onziéme on ne fe laiffoit plus furprendre par les fauffaires ; & que s'il y en eut alors, la fraude fut auffi-tôt découverte. Au Concile de Saintes tenu fous Gregoire VII. au fujet de la prééminence de l'Archevêque de Tours fur l'Evêque de Dol , on re-reconnut certainement, que les lettres du Pape Adrien fur le pallium de cet Evêque étoient fauffes, &

Ep. 1. ad Thom. Cantuar. Spicil. t. 2. p. 158. & 175. Epift. 167. & 172.

De re Diplom. p. 24.

(ª) *Hift. Univ. Parif. t. 2. pag. 436. ubi mn. t. 2.*

qu'elles

qu'elles avoient été supposées par un clerc qui fut obligé lui-même d'en convenir. Lorsqu'on ne pouvoit pas avoir des preuves si évidentes de la fausseté, on la soupçonnoit au moins ; & l'on trouvoit que les soupçons avoient été bien fondés, lorsque les faussaires avoüoient leur fourberie au lit de la mort. C'est ce qui arriva à un nommé Sigibold Moine de Saint-Rambert sous le regne de Philippe I, & à un nommé Guernon Moine de Saint Medard de Soissons, sous l'un dés Rois suivans. Sur la fin du XII. siécle, Etienne Evêque de Tournay eut des preuves manifestes de quelque falsification de Bulles dont un Prêtre Bénéficier de sa Cathedrale étoit Auteur ; & il en découvrit les moules & les modéles. Il dit ailleurs, qu'il en étoit sorti de cette boutique de si évidemment fausses en faveur de l'Abbé de Saint-Martin de la même Ville, qu'un enfant aux rudimens auroit pu en connoître la supposition. Pierre de Blois gémissoit en voyant la multitude de fausses exemptions qui étoient dans les Archives des Moines, dont il n'y avoit que les Ju-

Append. ad vit. Urb. II. p. 376. Mem. de Trevoux Mars 1713.

Epist. 214. ad Guillelm. Archiep. Remens. Ep. 225.

Epist. 61.

ges vraiment critiques qui puſſent s'en appercevoir. Et peut-on dire qu'il eut tort, puiſqu'on reconnoiſſoit ouvertement dans l'Ordre de Citeaux qu'il y avoit des falſificateurs de Chartres & de Sceaux? Le Chapitre General de l'an 1157, ſtatua, en défendant de de ſe ſervir de ces faux titres, que ſi c'étoit des Moines dans les Ordres qui en fuſſent Auteurs, ils feroient interdits ; ſi c'étoit des freres Lais, qu'ils fuſſent mis au dernier rang ; & que les uns & les autres jeûneroient tous les Vendredis au pain & à l'eau. On n'eut pas moins de vigilance ſous le regne de Philippe Auguſte qui concourut avec le Pontificat d'Innocent III : Ce Pape donna même des regles ſuivant leſquelles on pouvoit reconnoître les faux titres. De là vint qu'il déclara fauſſes, les lettres prétenduës obtenuës de lui en faveur du Curé de Lachy, proche l'Abbaye de Vauluiſant au Diocéſe de Sens. Bernard Evêque de Metz en jugea de même d'une Bulle que certains Moines de ſon Diocéſe avoient produite contre ceux de Vazor : & Gervais Abbé General de Prémontré

num. 61. tom. 4. Theſaur. Anec- dot.

Diplom. Mabil. p. 633.

Ampliſſ. Collect. t. 1. col 1031.

Ibid.col. 1065.

Sacræ antiq. Hugo t. 5.

vint à bout de découvrir des lettres
munies faussement de son nom & scel-
lées de son sceau par un Chanoine
d'Angleterre. Sous le regne de St
Loüis & les suivants où l'on devint
encore plus clairvoyant, ceux qu'on
soupçonna le plus de fausseté en fait
de Bulles, furent les differens quê-
teurs qui se répandirent dans le
Royaume munis d'indulgences : mais
ces faussetés ne tiroient pas si fort à
conseqüence. Je ne puis m'étendre
sur les falsifications de sceaux qui furent presque toujours reconnuës : Cependant j'aurois bien des preuves à
ajoûter à celles qui se trouvent dans
la Diplomatique du Pere Mabillon.
La coûtume de s'assurer par les
sceaux, de la verité des traités con-
tractés entre les Communautés & les
Seigneurs, ne s'introduisit que peu-à-
peu dans les siécles dont je fais mention : & comme on en abusa encore,
on inventa l'usage des Contre-sceaux
dont les plus anciens sont du XII. siécle.

Pour ne point faire ici un article
separé de la connoissance des Antiques, je joindrai ce que j'ai à

O ij

Ep. 125.
Gerva-
sii.

Statuta
Nicol.
Gellent
Ep. An-
deg. an.
1270.
Spicil. t.

De re
Diplo-
mat. p.
139. &
146.

CON-
NOIS-
SANCE
DES AN-
TIQUES

dire fur cette matiere à celle de
l'Hiſtoire & de la critique, avec leſquelles elle a tant de liaiſon. Je ne
parle point de la connoiſſance des anciens édifices Romains. Ce qu'en a
écrit l'Auteur des Geſtes des Seigneurs d'Amboiſe , prouve combien il étoit peu en état d'en juger,
puiſqu'il reſulte de ſa propre narra-
tion, que l'édifice dont il parle n'é-
toit autre choſe que des Bains de
quelques Seigneurs Romains , tels
à peu près qu'on en a découvert à
Montmartre les années dernieres , &
que cependant il dit qu'il avoit été
conſtruit par Jules-Ceſar. Fulcoïus
Poëte de Meaux ſous les Rois Henry
I. & Philippe I. ayant vu & examiné
la tête d'une ſtatuë payenne qui fut
trouvée de ſon tems dans la même
Ville, ſous les ruines d'un Temple de
Mars , decida qu'elle devoit être de
ce Dieu. Ce qui étoit très-vraiſembla-
ble à en juger par la deſcription qu'il
en fit (a). Ebrard Chanoine regulier
qui a écrit au XII. ſiécle ſur les anti-

*Spicileg.
t. 10. p.
312.*

(a). *Horrendum caput & tamen hoc horrore
     decorum
   Lumine terrifico, terror & ipſe decet.*
Hiſtoire de l'Egliſe de Meaux, t. 2. pag. 453.

quités de Guatines en Flandre paroît aufli s'être affez bien connu en anti- quités Romaines, & avoir rencontré jufte, aidé par le texte d'Orofe. Je dis la même chofe de Lambert d'Ardres qui fait fçavamment obferver, que les vafes de terre rouge & de verre qu'on trouvoit proche Selveffe, étoient du tems des Payens.

Je pafferai brievement fur cette quantité de pieces que Riquin Evêque de Toul fous Loüis le Gros mit avec la premiere pierre dans les fondemens de l'Eglife de S. Leon de la même Ville; quoiqu'à en juger par des découvertes faites de nos jours dans des fondations de bâtimens recens, on peut croire, que ces deniers étoient d'anciennes Monnoyes ou medailles qu'on enfouit en cet endroit, parcequ'elles n'avoient plus de cours. Je ne m'arrêterai pas non plus fur cette ancienne chaîne d'or à laquelle on dit qu'on trouva l'an 1145 un crapau attaché proche les murs de la Ville du Mans. Les écrivains ne font pas d'accord fur cette découverte (a), & au refte, ce qu'on

Thef. anecdot. tom. 3.

Hift. Comit. Ghifn. cap. 989.

Hugo Metell. Ep. 40.

Corvaifier pag. 441, ex Chron. Norm. in MS. S. Vict.

(a) Guillaume de Neubrige dit que ce fut à Winfon en Angleterre.

découvrit avoit tout l'air d'un Talif‑
man, tel qu'on en avoit trouvé un au
VI. fiécle fur un pont de Paris. Il
paroît par les écrits de l'Abbé Su‑
ger, qu'on poffédoit de fon tems à
Saint-Denis des efpeces de diptyques
ou tables d'ivoire d'un travail inefti‑
mable fur lefquelles étoient repréfen‑
tées d'anciennes Hiftoires profanes.
Cet Abbé les tira des anciens coffres
& en fit orner une tribune. Cela mar‑
quoit au moins qu'il avoit du goût
pour l'antiquité & pour la Sculpture
des Romains.

Je n'ai plus que trois obfervations
à inferer ici fur de veritables tréfors
d'antiquités qui furent trouvés tant
au XII. qu'au XIII. fiécle. Le premier
en l'an 1156 fous Loüis le Jeune pro‑
che une petite Ville de Bourgogne
appellée Vermenton. C'étoient des
médailles de cuivre en grande quan‑
tité. Miles Seigneur de Noyers vou‑
lut s'en rendre le maître au préjudice
des Religieux de l'Abbaye de Re‑
gny. Il y eut action intentée à cette
occafion : & enfin Adrien IV. adref‑
fa aux Evêques d'Auxerre & de Lan‑
gres une Bulle, afin qu'ils obligeaf‑

*Duchê‑
ne t. 4.
p. 348.*

*Chartu‑
lar. Re‑
gniac.
Mercu‑
re de
France
Janv.
1725.*

fent le Seigneur de Noyers de les ref-
tituer. La Bulle fe fert du terme
de *Cuprum inventum.* On ignore ce
qu'en firent les Moines de Regny qui
font de l'Ordre de Citeaux fous la filiation de Clervaux : mais il y a tout
lieu de croire qu'ils n'en compoferent
point un medailler. Le fecond tréfor
qui fut trouvé fur la fin du même fiécle, étoit plus confiderable : auffi ex-
cita-t'il la curiofité ou l'avidité du
Roy d'Angleterre : Il fut découvert
dans la terre d'un Seigneur du pays
Limoufin. C'étoit une antique toute
d'or qui réprefentoit un Empereur
affis à table avec fa femme & fes enfans. Ce Seigneur mit fon tréfor à
couvert en un lieu que Rigord appelle *Caftrum Lucii de Capreolo*, chez le
Vicomte de Limoges. Richard Roy
d'Angleterre affiegea ce Château.
Mais il lui en couta la vie. L'Hifto-
rien qui nous a tranfmis cet evene-
ment de l'an 1199, au lieu de fpeci-
fier quel étoit l'Empereur réprefenté
fur cette antique, s'eft contenté de
dire, qu'on y voyoit des marques
qui l'enfeignoient à la pofterité fans
nous apprendre en quoi elles confif-

toient, & fans déterminer fi cette antique étoit un efpece de baffin ou fi
elle confiftoit en des figures feparées.
Voilà jufqu'où l'on pouffoit alors la
curiofité en ce genre. Le troifiéme
tréfor étoit de l'efpece du premier
dont j'ai parlé ci-deffus. Ce fut un
pot de terre rempli de petites médailles qui fut découvert à Seaus en Gâ-
tinois proche Château-Landon, l'an
1290 par des ouvriers qui jettoient
les fondemens d'un mur. Comme c'é-
toit fur le territoire de l'Abbaye de
Saint-Maur des Foffez, les pieces
furent mifes entre les mains du Maire
de ce lieu & celles du Prévôt de
Château-Landon. Ce dernier eut la
moitié, & l'Abbaye l'autre. On voit
par là qu'on les prenoit au poids, &
qu'on ne les eftimoit que du côté de
la matiere. Voilà tout le cas qu'on
fit de cette découverte. Cependant
on en dreffa un Procés-Verbal (a)

Chartu-laire Foffatenfe.

(a) *En Cartulari S. Mauri Foffar. Scripto fui Philippo Pulcro. Abbate Petro; articulo de Senga, ubi de Juftitia.* L'an de grace 1290 furent trouvés deniers de metal en un pot de terre en la Ville de Seau, en la terre de la Communauté, fi comme l'on fefoit les fondemens d'un mur; & furent les deniers apportés en noftre maifon, & mis en la main de noftre Meire & du Prévoft

Sei-

pour aſſurer la joüiſſance des droits Seigneuriaux. On n'en ſçavoit pas alors davantage. J'ai appris par un fragment de poëſie françoiſe écrite du temps de S. Loüis, qu'alors on don‑ noit le nom de *Quacuel* à ce que nous appellons medailles de cuivre ou de bronze ; & que le cuivre dont elles étoient compoſées, portoit parmi le vulgaire le nom de *Mahon*, qui eſt encore uſité parmi quelques-uns de ceux qui commercent en vieux cui‑ vre. Je renvoye à la note ci-deſſous ce fragment qui ma paru curieux (a). Il fera voir que les découvertes d'anti‑ quités qu'on faiſoit plus commune‑ ment alors , étoient d'antiques de

de Chaſtel-Landon, c'eſt-à-ſçavoir Maître Pierre Taſſepoire lors Prévoſt, & furent départiz : Et en ot la moitié , & nos l'aultre ; Preſens Mon‑ ſeignor l'Abbé , Jehan de Braye & Adam de Pierre les Chappelains , Guillaume de Geviſi ſon Clerc, maiſtre Guillau‑ me le Fiſicien, Guiart d'Arragon , Guiart le Mareſchal , Robert de Mereville , Philippe Buſſe , Renaut Feſſart, & ledit Prévoſt, & Je‑ han le Cendrier Sergent de Chaſteau-landon. *Por‑ tefeüille de Gagnieres cotté 223. fol. 514. ver‑ ſo.* Le mos de *Ville* ſe diſoit alors au lieu de *Village.* Et il eſt viſible qu'il eſt naturellement dérivé de *Villa.*

(a) Codex manuſ‑ cript. S. Genov. ſign. B. b. 2. Paulo poſt medium *des VII. manieres de metal.* A l'article. *Del cœuvre :*

cuivre & de medailles de la même
matiere.

Au tans de no gent anchiſour
Ju li keuvre en grant valour ,
Car fer ne fu mis en us ,
Ve ſe durté mie connu ,
Armes de keuvre faiſoient ,
Et lor terres en Wargnoient,
Lor monoie de keuvre fu ,
Dont il riche furent tenu :
Encore en terre les trovon ,
Et quacuel (a) ſi le appellon,
Or argent ne fu en nul pris
Car adonc lors eſtoit avis
K'utilles fuſt a nul affaire ;
Ore ſi trovons le contraire
K'or & argent eſt en honour ,
Et keuvre en poure valour
Chu qu'il miſtrent en lor treſor ,
Et ke amerent ke or
Et ke adont fut chier tenu
Apres heus autel lagaen fu
Ke en lor temples enfondoit on
Mainte ymagene de mahon ,
Tumbes de gent & au re œuvre ;
Et pos con claime pos de keuvre,
Si cange li tans cascun jour :
Monoie qui fut en valour
Devant nous , eſt ſi deſpite
Ke par tout eſt contredite , &c.

(a) Seroit ce ce mot qui auroit produit celui de *Caquilus* en baſſe la- | tinité , que les anciens Gloſſaires diſent avoir ſignifié *un aigle* ?

ETAT DES CONNOISSANCES
GEOGRAPHIQUES.

JE joindrai ici la Phyſique & la Geographie, parce que pluſieurs Auteurs des ſiécles dont je parle ont traité ces deux articles dans le même ouvrage. La Geographie conſiderant la terre & ſes parties entant qu'habitées, & la Phyſique regardant ces mêmes parties entant que relatives les unes aux autres.

On ne connoît point d'écrivains François du XI. ſiécle depuis la mort du Roy Robert, qui ait montré la moindre connoiſſance de Geographie, ſinon Hugues de Sainte-Marie Moine de Fleury-ſur-Loire, lequel peut-être ne fit que copier quelque exemplaire d'Aimoin, & Guibert de Nogent ſous Coucy, qui ayant écrit ſur les Croiſades, prit connoiſſance des pays éloignés. Ces deux Auteurs, quoique vivans dans l'onziéme ſiécle, ne ſont morts que dans le ſuivant. Leurs lumieres, au reſte, ne ſurpaſſèrent pas de beaucoup celles d'Yves de Chartres, qui s'étoit contenté de jetter la vûë sur les anciennes Notices des Gaules pour s'instruire touchant l'antiquité des Metropoles. L'Auteur de l'ouvrage appellé *Institutiones Monasticæ*, parmi les œuvres de Hugues de Saint-Victor, fit aussi un petit Traité de Geographie (a) : mais avec un Pline & quelque autre ancien, il étoit facile de former de ces sortes d'opuscules. Cet écrivain peut avoir fleuri sous Loüis le Gros. Hugues Metellus écrivit environ dans ces tems-là à Constantin Chanoine de Saint-Leon de Toul, qu'il avoit autrefois étudié le Globe, consideré les cinq Zones, & placé des hommes jusqu'à Meroé (b) & à Sienes. Il est certain que les livres de Geographie, s'ils ne furent pas beaucoup lûs dans les Ordres nouveaux du XII. siécle, au moins on les emprunta des anciens Monasteres, & on les transcrivit. Comme on avoit assez communément les ouvrages de Cassiodore on pouvoit y

Epist. 119. ad Richer. Senon.

Epist. 5.

Inter-opusc. Cassiod.

***

(a) Quelques uns l'attribuent à Richard de Saint-Victor. Oudin 1. 2. col. 1151.

(b) C'est dans la haute Ethiopie.

avoir lû l'endroit qui marque expref-
fément que les Moines doivent lire
les Cofmographes. Si on ne profita
pas de cet avis, les copies qu'on fit
d'Æthicus, de l'Itineraire d'Anto-
nin, &c. n'en furent pas moins utiles pour les fiécles fuivans. Mais une
preuve que les anciens Moines qui
n'étoient pas en Congregation n'étu-
dioient gueres la Geographie au XII.
fiécle, eft que l'Abbé de Ferrieres
ignoroit alors qu'il y eut aux Pays-
Bas une Ville du nom de Tournay,
& reciproquement les Moines de
Tournay ne pouvoient pas découvrir la fituation de l'Abbaye de Ferrieres. Ce fut une vraye difficulté entre ces deux Monafteres, que de fe
déterrer l'un l'autre. Parmi ceux qui
avoient occafion de changer de Monaftere, il n'arrivoit pas qu'on fût fi
borné en fait de Geographie : mais
quelquefois on donnoit à une Province le nom d'une autre. C'eft en quoi fe
trompa Pierre le Venerable, qui écrivant aux Prélats du pays que nous
appellons aujourd'hui le Dauphiné,
au fujet des Petrobrufiens donna à
leur Province le nom de Septimanie,

174 *Etat des Sciences en France*,
quoique ce nom ne convienne qu'à
une portion de la Gaule Narbon-
noise.

On ne faifoit donc alors qu'éfleu-
rer les defcriptions Geographiques.

Script.
Nor-
mann.
Aug. de
civ. Dei
lib. 16.

On peut encore juger que cette fcience n'étoit cultivée que fort fuperficiel-
ment, par celle de Guillaume de Ju-
mieges qui prend St Auguftin pour
guide dans la Cofmographie. La no-

'Ad caput
Chron.

Script.
Prunf-
vic.

tice du monde univerfel donnée par
Robert de Saint-Marien d'Auxerre
parut un peu plus raifonnée : & en y
joignant ce que Gervais de Tillebery
Maréchal du Royaume d'Arles fon
contemporain écrivit de fon côté, on
put rediger une Cofmographie affez
complete. On lifoit dans ce dernier
que quelques-uns n'admettoient que
deux parties du monde, fçavoir l'Eu-

Lib. 2.
cap. 2.

rope & l'Afie, & qu'ils renfermoient
l'Afrique dans l'Europe. Pour nous
dit-il, nous plaçons le monde quarré
au milieu des mers. Tel étoit le langage Geographique à la mort de Philippe Augufte : Cependant Alain qui
avoit vêcu fous le même Roy difoit

In Anti-
claud.

que la terre étoit ronde : *Et tercium
mundi defcribere formam*. Alberic de

Trois-Fontaines qui vivoit auffi dans
le même tems, nous apprend que Gui
de Bafoches Chantre de l'Eglife de
Chaalons fur Marne avoit écrit un
volume intitulé *De mundi regionibus.*
Ce livre ne fut pas apparemment fort
connu puifqu'il n'eft pas parvenu jufqu'à nous. J'en ai découvert un autre qui contient un détail de tous les
Siéges Epifcopaux du monde Chré-
tien, dont je croirois que Pierre de
Blois a pu être Auteur, parce que cé
volume ne contient que fes lettres,
& que le détail des Evêchés d'Angleterre où il avoit été Archidiacre
de Bath, y eft plus complet qu'aucun
autre.

Sous le regne de St Loüis la connoiffance du globe terreftre fut plus
cultivée. Les differentes croifades
ayant formé des relations dans l'O-
rient, on reçût des memoires fur
l'Armenie, fur les Indes, fur la Tartarie. L'ordre de St Dominique qui
fe dévoüa aux Miffions fut en état de
donner bien des éclairciffemens. Nous
ne connoiffons cependant que de foibles ouvrages en ce genre. Richard
de Fournival Chancelier de l'Eglife

P iiij

Chron.
Abb.
ad an
1203.
quoobiit
Guido.

Duchê-
ne t. 5.
p. 348.
Spicil. t.
7. Hift.
Univ.
Parif. t.
3. p. 189.

d'Amiens, qui avoit une nombreuse Bibliotheque pour ce tems-là, n'avoit pour tout Auteur en matiere de Geographie que le livre d'un nommé *Bernardus Silvester*, intitulé *Cosmographus*. Outre cela lorsqu'on entreprenoit alors de donner des cartes Geographiques, on n'y réüssissoit pas mieux, à en juger par des morceaux qui sont restés, que ceux qui dresserent sous l'Empereur Théodose les Tables dites de Peutinger. On peut consulter l'Image du monde écrite en vers françois par Gautier de Metz l'an 1245. & ornée des figures du globe du monde & des differens peuples Barbares, Sauvages & monstrueux qu'il place tous dans les Indes. Il fait aussi mention d'autres Provinces, mais toujours par rapport aux animaux extraordinaires & aux plantes qu'on y voit. Il dit en parlant de l'Isle de Meroes, qu'en plein midi il n'y a point d'ombre; il donne le nom de Quanontille à celle où il y a six mois de nuit & six mois de jour. Il n'oublie pas *l'Isle perduë* trouvée à ce qu'il dit par St Brendan: & en traittant de l'Irlande, il y admet le Purgatoire fabuleux de St

Patrice (ª). Bernard Guidonis ne fut
pas non plus extrêmement exact dans
ce qu'il redigea , s'étant trompé même dans ce qu'il voulut écrire ſur
les Gaules , ſous le regne de Philippe le Bel. Comme il étoit fort laborieux & qu'il avoit demeuré à Limoges dont il a donné quelques antiquités , il pourroit bien avoir été l'Auteur d'un manuſcrit qu'on y voyoit
autrefois à l'Abbaye de Saint-Martial ſur les Châteaux du pays Li-
mouſin.

*Duch̄e-
n t 1.
Pag. 22.*

*Cod.
100. Sti-
Mart.
p. 233.
Liber
Caſtel.
lorum-
Lemovi-
cenſium.*

Ce qui put dégoûter d'écrire ſur
la Geographie , & ſurtout de deſcen-
dre dans le particulier, fut ſans doute
la difficulté de mettre en latin pluſieurs noms de lieu. Les Religieux
de Chaumouſey au Diocéſe de Toul,
paſſerent au XII. ſiécle par deſſus cet
embarras, & même de deſſein formé.
Ils avertirent dans une échange dreſ-
ſée en latin , qu'ils exprimoient les
noms des Villages *ruſticâ linguâ*, afin
que s'il s'élevoit quelque jour des dif-

*Hiſt.
Calmoſ.
Eccleſ.
Theſ.
anecdot.
tom. 3.*

(a) Un nommé Marc
qui avoit été envoyé en
Tartarie & aux Indes fit
en François un livre des
merveilles de ces pays-
là que Jean d'Ypres en
ſa Chronique dit qu'il
poſſedoit. *Theſ. anec-
dot. t. 3. pag. 747.*

ficultés, le titre fut clair & parlant. Robert du Mont semble improuver que les Cisterciens ne conservassent pas toujours les anciens noms des lieux où on les établissoit, & qu'ils leur donnassent des noms nouveaux & mysterieux comme *Domus Dei, Claravallis, Curia Dei, Eleemosyna.* Il avoit remarqué que plusieurs profonds Philosophes s'étoient rendu parmi eux, attirés par l'emphase du nom que portoient ces Monasteres. Mais ce n'étoient pas les premiers : on avoit depuis peu des exemples de Monasteres fondés sous les specieux noms de Bethanie (a), de Josaphat, &c. Les Chartreux donnerent une fois dans la même idée, & crurent devoir imiter les Cisterciens. Quelques uns d'entre-eux ne pouvant s'accoûtumer au nom de Bellariz ou Beau-Lariz, qui étoit celui d'une terre que les Comtes de Nevers leur avoient donné pour y bâtir une maison, parce qu'il paroissoit rappeller le paganisme des Dieux Lares, proposerent au Chapitre General de l'an

Lib. de Immut. Monacher. in append. ad Guibert. p. 111.

Bellus laricus. Au Diocèse d'Auxerre proche Donzy.

(a) Au Diocèse de Besançon. Chifflet T. 2. p. 247.

1289 de changer ce nom : & on fla-
tua que déformais ce Monaftere feroit appellé *Bellus locus* ; ce qui n'a
cependant pas été executé , l'ancien
nom ayant prévalu. Loüis VII. qui
fit bâtir tant de petites Villes & fous
lequel on coupa tant de forêts pour
y placer des bourgs & des villages, ne
fit changer les noms de ces lieux, qu'en
très-peu d'endroits qui font aujour-
d'hui appellés Ville-Neuve-le-Roy.
Ainfi cela ne refta point obfcurci
dans l'étude de la Geographie.

Les conteftations qui s'éleverent
en France fur les limites des Diocé-
fes , méritent que je ne les paffe pas
fous filence à caufe de leur rapport
avec la Geographie. Le Pape Pafcal
II, prévint en écrivant à Lambert
Evêque d'Arras , celles qui auroient
pu s'élever fur le partage de fon Diocéfe & de celui de Cambrai , marquant qu'il fût fait felon l'énoncé des
titres. Au treiziéme fiécle , il y en
eut à l'égard du Diocéfe de Paris du
côté qu'il cofinoit à celui de Chartres
& à celui de Beauvais : & à l'égard
du Diocéfe d'Auxerre , touchant les
limites de celui d'Autun , du côté

*Annal.
Bened.
t. 6. p.
691.,*

*Robert.
Autif.
in Chr.
ubi de
Ludov.
VII.*

qu'ils font contigus. Toutes ces difficultés fe regloient par arbitrage fur la dépofition des anciens ; & jamais on ne voyoit produire pour former les décifions aucune Carte Geographique ; la perfeêtion des fciences n'étant point encore pouffée jufques-là.

SCIENCE DE LA PHYSIQUE·

IL y eut fort peu d'ouvrages & de conteftations fur la Phyfique dans l'onziéme fiécle. Herman le Contraêt fit un livre fur la lumiere mentionné dans la Chronique de Baudoin de Ninove : Mais vers l'an 1100 le Poëte Hildebert écrivit fur les pierres prétieufes un ouvrage qu'on appella *le Lapidaire* dont il fe fit des traductions prefqu'auffitôt ; ce qui eft une marque qu'il y eut des curieux de matieres Phyfiques. Comme il étoit ordinaire de traitter de Magiciens & de Necromanciens tous ceux qui paroiffoient plus appliqués aux fciences : fur ce faux principe on fit courir plufieurs bruits defavantageux u la répu-

tation de Berenger, & on lui imputa une Phyfique un peu furnaturelle, qu'il n'avoit pas certainement appri-
fe à l'école de Fulbert. Berenger ne fut pas plus Magicien, que ceux qui de fon tems remarquerent les effets extraordinaires de la nature ; cette neige par exemple en fi grande quantité l'an 1047, qu'elle brifa les arbres : ces ferpens proche Tournai qui s'entrebattirent l'an 1055 ou 1059. Cette femme à deux corps de l'an 1062, & ce pain qu'on trouva teint de fang l'an 1095. Il eft vrai que la femme qui avoit deux corps fut prife par quelques gens credules de ces tems-là pour une figure de la réünion de la Normandie & de l'Angleterre fous la domination d'un même Prince, furtout à caufe que ce fut en Normandie qu'elle parut. Mais il n'en fut pas de même de l'homme metamorphofé en âne l'an 1049 : il ne fut inferé dans plufieurs Chroniques, qu'avec certaines reflexions fur la vertu des Nécrom:ntiens : par où l'on entrevoit, que les écrivains fe doutoient de quelque fafcination.

Comme ces obfervations Phyfiques

faisoient l'ornement des ouvrages de ces tems-là, il ne faut pas être surpris d'y trouver outre une Androgine célébrée par un Poëte, la remarque d'une fille, des oreilles de laquelle il sortoit des épis de bled. Celle de la neige en 1114 de la même force que celle de l'an 1047 ; celle de la riviere de Meuse suspenduë en l'air l'an 1118 ou 1116 ; Du miel tombant du Ciel en 1143 : des especes de visages d'hommes marqués sur des grains de grêle en 1142 avec une pluye d'oiseaux dont les aîles avoient vingt pieds de long. L'observation d'une autre grêle l'an 1194 entre Compiegne & Clermont en Beauvoisis, entremêlée de corbeaux qui portoient des charbons & mettoient le feu partout. Je ne dis rien de cette double Lune vûë à Louvain l'an 1151. Guibert de Nogent s'étendit fort dans ses écrits sur certaines chutes de tonnerre qui ne meritoient pas tant l'attention des Physiciens, que le coudrier dit de Saint-Gratien planté à quelques lieües d'Amiens, lequel produisoit tous les ans des noisettes dans l'espace de la

Hilde-bert col. 1,68.

Balduin Ninov. p. 166.

Nangis. & Alberic.

Bald. Ninov. p. 169.

Rigord. Duchesne t. 5. p. 38.

Bald. Ninov.

nuit du 24 Octobre ; ce qu'Ingeran
Evêque d'Amiens certifia veritable
& qui fut cru par Geoffroy Evêque
de Chartres. Rigord fit encore alors
une plaifante remarque : mais elle
étoit de la competence d'un Médecin
tel qu'il étoit : Il dit, que depuis l'an
1187 auquel la Sainte Croix fut prife fur les Chrétiens par Saladin, les
enfans qui vinrent au monde n'eurent que vingt ou vingt-deux dents
au lieu de trente-deux.

Pendant que les Auteurs de Chroniques marquoient toutes ces merveilles de la nature, Hugues Metellus s'attacha à expliquer comment l'a-
me eft toute enticre dans tout le
corps & toute en chaque membre, &
il la comparoit à un point indivifible.
Bernard Ithier moine de Limoges
trouvoit dans le cerveau de l'homme
des cellules où refide la faculté d'intelligence, & remarquoit qu'un homme qui avoit été bleffé dans cette
partie confervoit avec la memoire la
facilité de parler. Il obferva que dans
la cellule pofterieure étoit le fiége de
la memoire, & dans celle du milieu
la faculté du difcernement : Un Al-

Annal.
Bened. t.
5. pag.
685.

Vita
ibid.
Aug. ad
an. 1187.

Epift.
32. &
51.

Codex
MS. S.
Mart.
11.

Sarisb. metalog. lib. 2. cap. 10.

beric examinoit si scrupuleusement la matiere, que quoiqu'une superficie fût très-polie, cependant il y trouvoit toujours de petites bosses à rabattre & des coups de rabot à donner. Un Sarisbery disoit de ceux qui

Policr. l. 7. cap. 7.

demandent si le Soleil est lumineux, si la neige est blanche, & si le feu est chaud, que ce sont des insensés : il avoüoit que les Physiciens ont des

Ibid l. 2. cap. 2.

regles pour connoître si les corps joüiront bientôt de la santé, ou si la maladie doit leur survenir, ou enfin s'ils doivent rester dans l'état de neutralité. Il faisoit observer qu'entre les

Epist. ad Joann. Piclav. Ep. l. 2. Epist. S. Thom. Ep. 17.

animaux le Renard est d'une nature indisciplinable : Que tous ceux & celles qui croyent être transportés à certaines assemblées nocturnes sont frappés d'illusion ; il doutoit que le verre fut malleable, & n'ajoûtoit pas foi à l'histoire rapportée la dessus

Policr. l. 4. c. 5.

chez Petrone. Pierre de Celles expliquoit dans un de ses Sermons la

Serm. 1. in cap. jejunii.

generation du corps humain aussi physiquement que l'auroit fait un Médecin. Il écrivoit dans une de ses

Lib. 6. Ep. 23.

lettres, que les Anglois sont plus reveurs que les François, parce qu'ils

ont

ont le cerveau plus humide. Pierre
de Blois de fon côté trouvoit mauvais qu'on apprît trop tôt à la jeuneffe comment fe fait le reflux de la mer,
& où le Nil prend fa fource. Ce fut
ainfi que tous ces fçavans du XII.
fiécle traiterent incidemment dans
leurs ouvrages quelques points de la
Phyfique. On conferve en quelques
Bibliotheques du Royaume des
Traités exprès d'autres fçavans du
même tems, fçavoir les queftions
Phyfiques d'un nommé Adelard Anglois adreffées à fon neveu, qui eurent alors un certain cours en France, celles du Docteur Alain, la
Phyfique de Garnier de Saint-Victor
& le traité d'un nommé Guillaume,
fur l'homme, qui a pour titre *Mi-*
crofcofnographie, dont l'Auteur pré-
tend que l'homme eft un abregé de
l'Univers. Mais ces ouvrages n'ont
pas fait fortune & font reftés jufqu'i-
ci manufcrits. On peut mettre dans
le rang des queftions phyfiques dont
je viens de parler, celle qui regarde
les affaffins, en préfence defquels on
dit que la playe de ceux qu'ils ont tué,
quoique refermée, coule de nouveau.

Part. II. Q

Cette efpece de phenoméne fut ob-
fervé au XII. fiécle fur le cadavre de
l'Abbé de Trois-Fontaines : & Pierre huitiéme Abbé de Clervaux en
avertit l'Abbé de Citeaux.

Bibl. Cifterc. t. 3. pag. 266.

Parmi les écrivains moins occu-
pés , quelques-uns entreprirent de
fpiritualifer la Phyfique. Guillaume
Abbé de Saint-Thierry écrivit la
Phyfique de l'ame, Hugues de Fo-
lieth prit la peine de répréfenter les
oifeaux & autres animaux dans un livre exprès , pour avoir occafion de
moralifer fur chacun : & Alain en fa
complainte de la Nature la fit parler
avec tous les animaux ; mais d'une
maniere plus fine & plus fçavante.

Bibl. Cifterc. tom. 4.

Ordin t. 2. pag. 1107.

Les Hiftoriens du XIII. fiécle, fi
on en excepte un d'entre-eux , ne
font pas fi remplis de phenoménes
que ceux des deux fiécles précedens.
Alberic n'a ajoûté à toutes fes obfervations précedentes dont j'ai fait
mention , que celle d'un concours de
chiens au bas du Montaumer en
Champagne proche Vertus , où ces
animaux réünis de toute la Champagne fe déchirerent entre - eux l'an
1230. Mais la Chronique de We-

rum Abbaye de l'Ordre de Prémontré n'oublia presque aucun des événémens naturels de ces tems-là , tels
que les tremblemens de terre, & les
débordemens de la mer : Les Auteurs même se plaisoient à en donner des raisons Physiques. On lit aussi
dans Duchêne l'apparition d'un
monstre marin en forme de Lyon
sous Philippe le Hardi ; d'où l'on
pronostica quelque chose de fâcheux:
& tout de suite l'Auteur rapporte
que les écoliers Anglois chasserent
les Picards de la Ville de Paris, comme si le premier fait eut influé sur le
second. L'écrivain qui s'est étendu
le plus sur ces sortes de matieres est
Gervais de Tillebery , qui ramassa
sous la fin du regne de Philippe Auguste , tout ce qu'il put apprendre de
prodigieux & d'extraordinaire en fait
de Physique dans la France , & surtout dans les Provinces meridionales. On peut en voir quelques essais
cy-dessous. (a)

Sacra
Antiq
Hugo t.
11. pag.
470. &
seq.

Tom. 5.
P. 540.

(a) 36. C'est surtout en sa troisiéme partie qu'il
entre dans ce détail.

Au chap 9. il parle d'une fenêtre du Prieuré S. Michel *de Camissa* proche Grenoble ou quelque grand
que soit le vent il ne peut éteindre une chandelle

Q ij

Comme l'ouvrage de Gervais étoit
pour defennuier l'Empereur Othon,

Au chap. 10. du Refectoir des Chanoines du Puy en
Vellay où l'on ne voit ni areignées ni mouches, & de
même dans celui du lieu dit *Bariolus* en Provence où
l'on ne voit jamais non plus de mouches : Ce dont il
se dit témoin.

Au chap. 11. d'un espece de noyer au même lieu
qui ne fleurit qu'à la Saint Jean.

Au chap. 19. d'une terre proche Avignon qui est
si grasse qu'on n' peut en retir r cequ'on fait y entrer.

Au chap. 20. d'une Tour du Château dit *Livornis*
au Diocése de Valence & appartenant à l'Evêque,
dont les gardes qui y couchent se trouvent descendus
insensiblement du haut en bas durant la nuit.

Au chap 21. du Château *de Emolinis*, province
de Narbonne, où tous les ans vers la St Jean Baptiste
on voit un combat d'escarbots extraordinaires & en
très-grande quantité.

Au chap. 22. d'un rocher d'Embrun qu'on fait re-
muer du bout du doigt.

Le *chap.* 34. est sur un vent singulier du Château
de Divion dans l'Evêché de Vaison.

Au chap. 36. il parle d'un lieu dit Montferrand où
la vigne croît naturellement sans qu'on la plante,
produit du bon vin pendant trois ans, puis devient
sterile jusqu'à ce qu'on la brule & qu'on laboure le
terrein.

Au chap. 39. du puits de Cerseules au Diocése de
Gap où est un lac avec une Isle flottante.

Au chap. 40. des eaux proche Arles qui se petri-
fient en sel durant le mois d'Août.

Au chap. 42. sur les figures d'étoffes que repre-
sentent les rochers élevés du lieu, dit Treves, dans le
Diocése de Grenoble vers celui de Die.

Au chap. 48 de l'eau de Puilic au Royaume d'Arles, qui sans boüillir fait cuire les viandes.

Au chap. 55. d'un arbre merveilleux au même
pays pour la teinture rouge.

Au chap. 67. de l'Isle de Lerins où jamais, dit-il,
on ne voit de vers.

Au chap. 91. d'un espece de Noyer du Château de

on n'y trouve aucuns raisonnemens
Physiques. Richard de Furnival, qui
dans le même siécle écrivit en François le Bestiaire d'amour, raisonna à
la verité sur la nature de differens
animaux, mais assez superficiellement,
& seulement pour se faire lire par les
gens oisifs ; j'en dis autant de Gautier de Metz, qui dans son Image du
Monde se contenta de mettre en vers
François ce qu'il avoit lû sur le ciel
& la terre, les élemens, les meteores.

Ponton au Diocése d'Aire qui produit un fruit singulier.

    Au chap. 54. d'un arbre au voisinage de Marseille
qui produit une espece de feves dont le dedans n'est
que de la pierre.

    Au chap. 102. des raisins du territoire de Roque-
more sur le Rhône, où l'on ne trouve rien quand on
les croit murs.

    Au chap. 122. de la vallée de Lentusele dans les
Alpes, où lorsqu'on tousse ou que l'on crie on fait dé-
tacher des monçeaux prodigieux de neige.

    Au chap. 124. d'autres raisins du Narbonnois *jux-
ta civitatem Rocclam* sur le terrein de l'Evêque,
desquels on ne peut goûter, & qui font de très-bon
vin.

    Au chap. 125. d'une fontaine du lieu dit *Spania-
tum* au Diocése de Lodeve qui ne coule que jusqu'à ce qu'on fauche les prez, & qui tarit ensuite.

    Au chap. 127. d'une autre fontaine du Comté
d'Aix *villa* Camps, *territorio Argentino*, qui coule
abondamment, puis se referme, & engloutit même
les marques qu'on y met.

    Au chap. 129. d'une autre du Diocése d'Uzez, qui
change de place lorsqu'on y jette quelque chose de
sale.

Les proprietés des differentes fontaines, &c. font ce qu'il a de plus curieux (ᵃ). Il n'en fut pas de même des
ouvrages de Guillaume d'Auvergne
Evêque de Paris, qui écrivit fur l'a-
me, fur les démons, &c. On a ob-
fervé entre autres particularités de
ce premier Traité, qu'il attaque ceux
qui affurent que les ames des bêtes ne
font que des accidens. On feroit encore moins fondé à trouver de la fte-
rilité dans Albert le Grand qui a écrit
en Phyficien fur toute la nature, jufqu'à compofer des Traités *de Scientia
falconum fecundum antiquos, de Ana-
tomia, de Infectis, arboribus, herbis.*
L'Alchimie fut un des abus de la Phyfique qu'il combattit (b). S. Tho-

*Dupin
Bibl. des
Ecriv.
Eccl.*

(a) Il parle des bains chauds *de Bloumieres l'Abbaye en Lorraine*, & des Salines du même pays proche Metz. Puis fortant de France il par-le en ces termes d'une fontaine de Turquie, & de la maniere dont les Sara-fins en accommodoient l'eau.

Une en a devers Orient
Dont on fait feu greiois ardent
O autres chofes ke on i met
Qui eft fi chaus quant efpris eft
Ke d'evve éteindre nel puet on
Fors d'aifil, dorine ou fablon,.
Cele evve vendent Sarrafin
Plus chiere qu'ils ne font bon vin.

(b) Le Pere Ecbard cite là - deffus fon treifié-

mas n'écrivit pas seulement sur le ciel & sur le monde, aussi-bien que sur le corps humain fort en détail (a) il se plut même à travailler sur la construction des canaux & acqueducs. Triveth dit qu'il avoit adressé à Philippe de Châteauceaux un Traité du mouvement du cœur. Pierre d'Auvergne son disciple acheva ses livres sur la Physique d'Aristote & sur les Météores qu'il avoit laissé imparfaits. C'est lui qui mourut Evêque de Clermont en 1307.

Les Evêques de Paris furent souvent dans le cas de voir agiter des questions de Physique. On leur déféra quelquefois des propositions suspectes : ou bien lorsqu'elles étoient évidemment heretiques, on en faisoit la preuve en leur presence. Albert

Hist. Univ. Parif. P. 409.

Oudin t. 3. *pag.* 593.

me livre des mineraux. Traité I. Jean d'Ipres en sa Chronique de Saint-Bertin cite en faveur du même Albert ce qu'il a dit contre l'Alchimie en son *Semita recta*, que *Ferrum Alchimicum non trahitur ab adamante*, & cette autre proposition. *Aurum Alchimicum non curat lepro-*

sos. Thes. anecdot. T. 4. *pag.* 143.

(a) On ne peut pas imaginer un plus grand detail que celui de raisonner jusques sur la nature des excremens humains. Quoique j'aye vu ces questions agitées dans la Physique, j'aime mieux croire qu'elles font de son continuateur.

le Grand affiftant un jour à l'une de
ces Conferences, y produifit au fujet des femmes enlevées par le dé-
mon, l'exemple qui eft rapporté chez
Thomas de Cantinpré, lequel n'a jamais paffé pour un Auteur de grand
poids. *Lib. 2. Ch 5. p. 57.* Il paroît
par le refultat de l'affemblée de l'an
1240 qu'on croyoit pouvoir dire
qu'il y avoit un *lieu fpirituel*, quoique ces deux termes ne paroiffent pas
convenir enfemble. Etienne Tempier
condamna en celle de 1270 les erreurs de ceux qui foûtenoient que le
monde étoit éternel, & que l'ame pe-
riffoit avec le corps : & en 1277 les
mêmes erreurs, ou à peu près, s'étant
renouvellées par la lecture de quelques Auteurs Payens, il en fit une
nouvelle condamnation. La plus finguliere opinion en fait de Phyfique
étoit qu'au bout de trente-fix mille
ans les corps céleftes retournoient en
leur premier état, & que tout ce
qu'on avoit vu s'operer dans la nature recommençoit de nouveau ; erreur
qui avoit déja été regardée comme
très-dangereufe par Humbert de Romans en l'un de fes Sermons, & qui
fembloit

en 1238.

Hift. Univ. Part. 3. p. 169.

Ibid. p. 431.

sembloit fuppofer que le monde avoit
déja duré des trente-fix mille ans
plufieurs fois repetés. Pendant qu'on
répandoit à Paris & aux environs
ces faux principes de Phyfique, on
n'en débitoit pas de moins extraordinaires dans la Provence. Un livre
Provencal du XIII. fiécle intitulé
Les enfeignemens de l'Enfantfage, marquoit que le Soleil donne la nuit fa
lumiere tantôt au Purgatoire, & tantôt à la mer, puis en Orient : Que la
terre eft foûtenuë par l'eau, l'eau par
les pierres, les pierres par les quatre
Evangeliftes, & ceux-ci par le feu
fpirituel dans lequel eft l'image des
Anges & la figure des Archanges. La
Phyfique la moins déraifonnable
qu'on enfeigna fur la conftitution de
la machine de l'Univers, fut celle
qu'on lifoit dans certains traités latins
écrits vers le regne de Philippe le
Hardi ; mais on y comparoît l'Univers à un œuf au milieu duquel eft la
terre comme le jaune, & l'eau comme le blanc, puis l'air comme la pel-
licule. Au-deffus de cela c'eft le feu
difoit-on, qui enveloppe le tout
comme la coque enveloppe l'œuf. Il

Cod.
MS. *S.*
Cenov.
B. B. 2,

paroît qu'il n'étoit pas aifé de concilier le cours des aftres avec ces fortes
de comparaifons.

DE LA MEDECINE,

QUelques Auteurs ont écrit que
l'on ne trouvoit prefque aucune
mention de la fcience de la Médecine ni des Médecins dans le tems qui
s'eft écoulé depuis Charlemagne jufqu'au douziéme fiécle. Ils ont pu
être détrompés pour ce qui eft de
l'intervalle qui fe termine à la mort
du Roy Robert par les témoignages
qui ont été produits. Il n'eft pas
moins facile d'en trouver depuis la
mort du Roy Robert jufqu'à la fin du
même fiécle. Dès l'an 1050 paroît
un Radulfe Clerc furnommé *Malâ
corona*, frere de Guillaume Duc de
Normandie, lequel eft dit très-verfé
dans la fcience de la Médecine & des
chofes cachées. A Marmoutier exif-
toit l'année fuivante un Moine nommé Tetbert, qui étoit fi fçavant
dans la connoiffance des remedes, &
qui fauva de la mort tant de malades,
que les récompenfes qu'il en eut en-

richirent fort le monastere. Trois ans
après, on voit Baudoüin Religieux
de Saint-Denis en grande reputation
sur cet article. Gilbert Maminot Chapelain de Guillaume le Conquerant
& Médecin de ce Prince, passa aussi
pour très-habile en cette science. Il
fut depuis élevé à l'Evêché de Lisieux, où il étoit toujours dans les
remedes. Si ces quatre exemples
prouvent qu'il y eut d'habiles Médecins en France au XI siécle, ils font
aussi voir que c'étoient des gens d'E-
glise qui exerçoient cette profession.
Je ne dis rien de Jean le Sourd de
Chartres, qui fut Médecin du Roy
Henry I, (ª) ni de Roger autre Médecin ami du célebre Guitmond Moine de la Croix Saint Leufroy. Un
autre illustre Ecclesiastique aussi Médecin dans le même siécle fut St. Fir-
mat Chanoine de Saint-Venant de

Spicil. t.
13. pag.
291.

Orderic
Vital.
ad an.
1077.

Annal.
Bened. t.
5 p. 103.
ad an.
1076.

(a) Les Historiens modernes sont assez partagés sur la maniere dont Henri I. mourut pour ainsi dire entre ses bras après avoir pris une medecine qu'il avoit ordonné. Il y a cependant plus d'apparence qu'il faut l'excuser. Il a dû être un homme de pieté, s'il est le même Jean Médecin, auquel fut adressé le traité spirituel *de Medicina animæ* faussement attribué à Hugues de Saint-Victor.

R ij

Tours, lequel réuſſiſſoit dans la cure de preſque tous ſes malades. Orderic Vital nous fait connoître Goiſbert fameux Médecin de Chartres vers l'an 1083. Comme l'école de Salerne commença alors à être plus verſée dans les livres orientaux, par la traduction qu'en fit le Profeſſeur Conſtantin au retour de ſes voyages, il y a lieu de croire que la France s'en reſſentit par le moyen de ceux qu'on y envoyoit & qui y alloient d'Angleterre.

Si je pouvois entreprendre le détail des Médecins connus du XII ſiécle, je les ferois paroître encore en plus grand nombre. Le Necrologe de Saint-Victor de Paris fait mention d'un Médecin nommé Obizon qui après avoir été quelque tems Chanoine de N. D. de Paris avoit priſ l'habit de cette maiſon, y mourut en 1139 & y fut inhumé dans le cloître. Il avoit été Médecin de Louïs le Gros. La petite Chronique de Saint-Denis parle à l'an 1167. d'un Guillaume Médecin qui apporta de Conſtantinople des livres Grecs. Le célebre Pierre de Blois fait voir par

une consultation de sa façon qu'il n'é-
toit pas novice dans cette science. Les
Juifs qui se sont toujours mêlé des
professions lucratives exerçoient aussi
alors la Médecine en France. Brunon Archevêque de Treves qui vers
le commencement du XII. siécle
étoit tourmenté de differentes maladies, & qui pour cette raison avoit
toujours des Médecins chez lui, eut
entre autres un Juif appellé Josué
qui passoit pour le plus habile. Il ne
faut pas douter que l'exemple de la
sçavante Dame à laquelle seule ceda
en cette science Rodulfe *Mala corona* dont j'ai parlé plus haut, n'eut
inspiré à d'autres femmes de cultiver
la connoissance des remedes. Abailard voulut que dans sa Communauté du Paraclet l'Infirmiere sçut la Médecine, & qu'il y eût une Religieuse qui sçût saigner, afin qu'elles n'eus-
sent pas besoin de Chirurgien. He-
loïse même ne fut pas tout-à-fait
indifferente sur le regime du corps
humain comme il paroit par quel-
ques-unes de ses lettres. Sainte Hildegarde Religieuse dans les Pays-
Bas eut une si parfaite connoissance

R iij

Ep. 45.

*Hist. Tre-
vir. tom.
10. Spi-
cil. pag.
245.*

*Order.
Vit. ad
annum.
1059.
Statut
Para-
cleti. in
cper
Abai-
lard. p.
156.
Epist. ad
Abai-
lard. p.
79.*

de la Medecine, qu'elle écrivit quatre livres fur l'utilité dont étoient
pour la guérifon de tous les maux,
les métaux, les legumes, les arbres,
les poiffons, les oifeaux & tous les
animaux de la terre (a). Ce fut peut-
être l'exemple de cette femme qui
excita Gilles de Corbeil Médecin de
Philippe Augufte & Chanoine de
Paris, à rediger par écrit en fix mille
vers latins la vertu de tous les Médicamens.

L'utilité de cette fcience & de la
Chirurgie qui s'y rapporte parut
évidemment dans les differentes occafions qui fe préfenterent de faire
l'operation céfarienne. Nous en avons
deux exemples remarquables dans la
perfonne de S. Lambert Evêque de
Vence mort en 1154 & dans celle
de S. Druon, mort dans le Hainaut
en 1186. Mais les cures que les
Médecins entreprenoient, ne réüffif-
foient pas toujours. On en peut juger par celle de Veran Abbé de St
Benoît fur Loire, qu'ils ne purent

*Bolland.
26. Mai
Ibid. 16.
April.*

*Annal.
Bened.
t. 5. p.
157.*

(a) Ils ont été im-
primés en 1533. à Straf-
bourg. C'étoit en la | même Ville que Richer
Moine de Senones les
avoit vû au XIII. fiécle.

guerir vers l'an 1080 des fiévres
quartes ; & d'un Chancelier qui étant
à Jerufalem parmi nos troupes croi-
fées, ne put jamais être gueri par les
Médecins d'un loup qui lui étoit venu à la cuiffe. Un Moine d'Andern
aux Pays-Bas, fur lequel on effaya
la taille *in inguine* pour la pierre,
mourut de fa playe vers la fin du XII
fiécle. Toute la fcience, enfin, des
Médecins de Paris ne put tirer d'affaire Geoffroy fils d'Henri Roy
d'Angleterre. Auffi au XIII. fiécle
les Médecins du Sultan d'Egypte
pafferent-ils pour plus habiles que
ceux de St Loüis.

   Comme les Médecins de France
ne furent pas toujours heureux dans
leurs entreprifes, ils furent fouvent
expofés à la critique des Auteurs de
ces tems-là. Jean de Sarisbery en
diftinguoit de trois fortes. Les uns
qui fe bornoient à raifonner fur les
effets de la nature par rapport au
corps humain ; d'autres qui en tiroient
des conféquences pour la fanté, qui là
procuroient *verbo tenus*, & dont l'art
étoit de donner des paroles pour les
chofes. Une troifiéme efpece font,

Pet. Blef. Ep. 92. le mot lupus y eft employé.

Chron. Andr. t. 5. Spic. p. 518.

Rigord ad an 1185.

Epift. 116. t. 2. Epift. S. Thom. Cant.

dit-il, les Praticiens, qui font fça-vans par le moyen de l'Anatomie. Il affure que les premiers lui avoient quelquefois paru raifonner fur bien des articles autrement que la foi n'enfeigne. A l'égard des derniers, il les veut refpecter, & il n'ofe dire ce que tout le monde en penfoit : Il fe plaint ailleurs, de ce qu'ils fça-voient tuer fort officieufement, com-me Seneque, Pline, & Sidoine l'a-voient-dit autrefois ; & ce qui le pouffoit à parler ainfi, étoit parce qu'auffi-tôt après leur retour de Sa-lerne ou de Montpellier, ils vouloient faire les Hippocrates & les Galiens, accablant leurs malades d'aphorifmes & de termes inoüis ; mais toujours attentifs à cet axiome de précaution *Accipe dum dolet*, & fouverainement indifferens pour les Arts liberaux. Gilles de Corbeil Médecin de Phi-lippe Augufte fe plaignit auffi de ce qu'il y en avoit de fon tems qui exer-çoient la Médecine trop jeunes. Il faut lire fes expreffions. (a)

Occi-dunt of-ficiofiffi-me. Poli-crat. l. 2, cap. vit.

Meta-log. cap. 4.

Ibid. cap. 12.

(a) *Nondum maturas Medicorum furgere plan-tas*
Impuberes pueros Hipocratica tradere jura,
Doctrina quibus effet opus feruleque flagello.
Lib. 3. in Electuar. de Succo rofarum.

Si Arnoul de Lisieux n'en voulut pas à la perſonne des Médecins, il ne declama pas moins contre leurs remedes, qu'il regardoit comme renfermant toujours une abominable malignité; de ſorte, dit-il, qu'il paroiſſoient ne faire du bien que pour produire un plus grand mal. Il ajoûte que cette eſpece d'hommes prétendoit par leur exterieur grave & ſevere faire reſpecter la profeſſion, comme ſi elle eut dû être avilie par un caractere doux & compatiſſant; qu'ils rejettoient toujours ſur la conduite du malade les mauvais ſuccès de leurs remedes, & qu'avec leurs diſcours ſententieux, ils s'attribuoient la gueriſon que la bonté de Dieu avoit permiſe. Etienne de Tournay affectoit de ſe ſervir de leurs termes, même pour ſe mocquer d'eux. « Je ne reçois, dit-il, jamais que des oracles am- « bigus de la bouche de ces gens qui « ſçavent diſcerner à l'urine dans le « verre où ſont les humeurs peccan- « tes. « Ailleurs il plaint le Chape- lain de l'Evêque de Senlis qui étoit venu conſulter ces mêmes Marchands d'aphoriſmes, & il ne manque pas de

Epiſt. ad Henrici Piſan. Legat.

Ep. 41. ad Bartholom. Turon Arch. C. 112.

Ep. 94.

repeter fon dicton familier fur les humeurs peccantes apperçûës dans le verre. Il eft certain que les Médecins n'étoient gueres mieux venus auprès de Pierre de Blois quelque verfé qu'il fût dans la Médecine, puifque dans une lettre qu'il écrivit à l'un d'entre-eux, il marque que le vice commun de leur profeffion eft de varier toujours fur les maladies : De forte que fi l'on en faifoit venir trois ou quatre pour voir un malade, jamais ils n'étoient du même fentiment fur la caufe du mal ni fur le remede.

Si S. Bernard ne fut pas favorable aux Médecins, c'étoit par un autre principe. Il confentoit bien que les Religieux ufaffent des remedes les plus fimples & les plus communs : mais il ne vouloit pas entendre parler de ce qu'on appelloit *fpecies emere, quærere Medicos, accipere potiones :* plus rigide peut-être en cela que les Chartreux dont un des premiers ftatuts redigés fous Guigues leur cinquiéme Général vers l'an 1110 porte feulement ces mots : *Medicinis, excepto cauterio & minuitione fanguinis, per-*

rard utuntur. Ce qui leur étoit le plus permis fe reduifoit à cinq faignées par an, & à l'ufage du cautere. Abailard qui fe mêloit de tout, veilla auffi avec attention à la fanté de fes Religieufes du Paraclet. Il leur défendit de manger du pain tendre : il vouloit que leur pain fut au moins du jour précédent ; & pour médecines il leur permettoit du vin pur, ou mêlé de quelques herbes infufées. *Oper. Abail. p. 177.*

Il femble qu'on pourroit inferer de tout cela qu'aucuns des Religieux ne s'appliquoient alors à l'étude de la Médecine. Mais cette conclufion feroit mal fondée. Les Moines & les Chanoines Reguliers s'y appliquoient tellement au XII fiécle, qu'il leur fut défendu au Concile de Reims de l'an 1131 de l'exercer, tant pour ne pas paroître avides du gain, que pour éviter les occafions de bleffer la pudeur (a). Un Concile Romain de l'an 1139 renouvella la même défenfe. Il falloit qu'on y eut peu d'égard, puifqu'un Moine de Flavi-

(a) Alberic en fa Chronique à l'an 1125 rapporte fur la fin de l'article un fait qui eft de cette nature.

gny qui exerçoit cette profession se
retira en l'Abbaye de Clervaux, &
Godefroi Souprieur de Saint-Victor,
sous le regne de Loüis VII. écrivit
même sur l'anatomie du corps humain, un traité exprès en vers latins
où il entre dans un grand détail. Au
moins est-il vrai que deux Conciles
de France défendirent encore depuis
aux Religieux de vacquer à la Médecine, sçavoir celui de Montpellier de
l'an 1162 & celui de Tours de l'an
1163 ; & qu'en 1212 le 20ᵉ canon
d'un Concile tenu à Paris, ordonna
que les Reguliers qui étoient sortis
de leur Cloître pour l'étude de la
Médecine & du Droit seroient tenus
d'y rentrer. Mais on peut douter si ce
canon fut bien executé, puisqu'on
voit quelque tems après un Abbé de
Sainte-Genevieve de Paris, qualifié par honneur du titre de Médecin
ou d'expert en la Médecine (a). On
assure même dans la maison qu'il
avoit écrit des livres sur cette science.

(a) Je trouve dans le Catalogue des Abbez de cette maison sous le regne de S. Loüis un *Odo Medicus*. Dans le cloî- tre devant le Chapitre en lit sur sa tombe qu'il fut *Medicina & Logices methodo pollens*, & qu'il mourut en 1270.

Au reste on peut juger, par ce que j'ai dit plus haut, qu'on ignoroit alors dans les Communautés, ces Pharmacies ou ces Apothicaireries qui font aujourd'hui l'admiration des curieux. Je rapporterai cependant deux exemples de Pharmacie naissante, & qui prouveront que les pays étrangers fournissoient ce qui manquoit à la France. Le premier est celui de Bertrand de Saint-Cosme Abbé de Saint-Gilles, qui envoya à Loüis VII. des drogues venuës du Levant pour lui marquer son respectueux attachement. Le second est d'Etienne de Tournay Abbé de Sainte-Geneviéve qui fit tenir à l'Evêque de Lunden en Danemarc une phiole remplie de theriaque d'une grande vertu qu'un suffragant du Patriarche d'Antioche lui avoit envoyé. Il paroît que Loüis VII. étoit curieux de recevoir des médicamens de la main des étrangers. Jacques Cardinal Diacre lui envoya les sucreries qu'il lui avoit démandé contre la chaleur de foye ; sçavoir des Tablettes de roses vieilles, & d'autres de violette. (a)

In pignus amicitiæ. Duchesne t. 4. p. 736.

Epist. 111.

(a) *Zuccarum rosarum præteriti anni & Zuccarum violatum præteriti anni que multùm contra calorem epatis valent.*

Mais comme je ne prétends pas
que ces exemples suffisent pour
prouver qu'il y ait eu alors des Salles
de Pharmacie en forme, je n'ai eu
aussi aucune intention d'assurer que
dès-le XII. siécle il y eut à Paris des
Ecoles publiques de Médecine. Le
témoignage de Sarisbery sur Salerne
& Montpellier empêche de le croire.
Rien de ce que du Boulay a rapporté là-dessus, re prouve ce qu'il a
avancé. Il tire des Auteurs, des
conséquences que leur texte ne fournit pas : & les vers qu'il rapporte de
Gilles de Corbeil prouvent seulement, que vers l'an 1200 la Médecine commençoit à s'établir sur la même montagne où l'on enseignoit la
Logique.

Il paroît aussi par l'endroit de Sarisbery cy-dessus rapporté, que l'on connoissoit alors une troisiéme espece de
Médecins qui étoient assez semblables
à ce que nous appellons Chirurgiens,
ou qui étoient en partie comme les
Apothiquaires. Un celebre Médecin
d'Auxerre appellé Maître Abbon,
Chanoine fort consideré par l'Evêque
Alain, ami de Saint-Bernard, mar-

que parmi les legs de son testament de l'an 1191, non-seulement des livres de Médecine, mais encore des vases, des pots, & même un mortier d'airain, *Mortarium æreum, & quæcunque ad usum Medicinæ pertinent.* Cela donne à penser qu'il joignoit la pratique à la théorie, & que parmi les Médecins, quelques-uns ne se contentoient pas d'ordonner, mais qu'ils composoient même les remedes. Gautier de Metz en son Image du monde composée en 1245 les avoit en vûë, lorsque parlant des Arts Liberaux, il en exclut formellement la Médecine à laquelle il donne le nom de Physique, selon l'usage de ce temps-là. Ces sortes de Médecins, Apotiquaires & Chirurgiens tout ensemble, devinrent fort communs sous Philippe le Bel, auquel temps il fallut que l'Université de Paris & les Conciles Provinciaux arrêtassent leur imprudence (a). Le Chirurgien de

(a) Duboulay rapporte à l'an 1271 un statut de l'Université qu'on avoit cru faussement de l'an 1031: mais je le croi encore plus nouveau, & je pense que l'erreur du chiffre vient d'une transposition du zero: ensorte qu'au lieu de 1031 il faut lire 1301. *Voyez l'Hist. de l'Université,* Tom. 3. p. 400. Dans le Concile de

ce Prince nommé Henri de Monde-
ville, pour dédommager le Public des
vains secours que lui fournissoient
ces charlatans, composa un traité de
Chirurgie qui se trouve manuscrit à
Saint-Germain-des-Prez.

Les Ecclesiastiques Séculiers qui
n'avoient point été compris dans les
défenses des Conciles au sujet de la
Médecine, loin d'en interrompre l'é-
tude, commencerent dans ces bas
siécles à donner des regimes de santé,
& à les faire écrire jusques dans des
livres où l'on ne s'aviseroit point de
de nos jours de les aller chercher, je
veux dire dans les Calendriers des livres Ecclesiastiques. Ils eurent la précaution de les mettre en latin; & la
poësie rimée leur fut d'un grand secours. Mais dans les Calendriers qui
étoient à la tête des ouvrages profanes, on s'expliqua plus clairement

Beziers tenu un peu avant l'an 1310. Gilles Archevêque de Narbon-ne défendit aux Eccle-siastiques d'exercer la Medecine sans la permis-sion de leur Prélat. *Thes. anecdot. t. 4. col. 231.* Dans celui de Treves te-nu en 1310 *ibid. col.* 267. il fut défendu à tous ces avanturiers qui se disoient Docteurs sans avo.r étudié, de se mêler aussi de la Medecine & la Chirurgie, sans la permission des Evêques, sous peine d'être excom-muniés.

dès

dès la fin du regne de S. Loüis. J'ai trouvé ces regles de Médecine prescrites pour la conservation de la santé, selon les saisons, dans un livre très-soigneusement écrit en langage vulgaire à Saint-Omer l'an 1268; & j'en donnerai ici la teneur dans une Note (a). Rien ne peut mieux mar-

(a) Ex Cod. 218. primæ Tabulæ MS. Collegii Navarr.

En Genvier ne loist pas sainier, mais prendre puison & gingembre (puison c'est potio.)

En Fevrier fait bon sainier de la vaine del fels & prendre puison d'aigremore & d'ape (apparement Aigremoine Eupatorium, & acht apium.)

En Mars fait bon sainier de la veine del pis & del fie, c'est-à-dire de la poitrine & du foye, & de ventouser.

En Avril, fait bon sainier de la moyenne veine por la cure del polmon, & mangier char novelle & ventouser, & prendre puison de betoigne.

En Mai, doit on chaut mangier & caut boire, & del veine del fiz sainier, re nul ne doit mangier plé ne teste de beste nule ; car lors descent livenis, apparement les humeurs, del cief. Si doit on prendre puison d'aloisse & de semence de fenoil.

En Juing doit on boire eghe (eau) froide cascun jer a enjun & manger laitues à l'aisil, c'est-à-dire au vinaigre. Lors se doit-on tenir de luxure ; car dont issent los humors des cervel. Si doit on prendre puison de salge, & de langhe de puison & de flors de grases.

En Juille, ne loist pas sainier, mais user une & boire aighe cascun jer d'enjun pour la cole (la bile) desrompre, & prendre puison d'aypier & de sepier, & de flors de grases.

En Aoust, ne doit on pas boire de mies (hypocras, medo, vin sucré) ne de chervoise, mais s

quer l'état où la Médecine étoit en France sous le fils & le petit fils de Saint Loüis, que ce détail sur les saignées & autres remedes conseillés alors pour les differens mois de l'année.

doit prendre puison de savine & de poraïe [app. Sabine & poirée.]

En Septembre doit on mangier oës (oyes) & char de porc, & prendre puison de cost & de betoigne. Et bon fait sainier un petit de san à l'issue del mois & à l'entrée. [cost est apparement, costus hortensis ou Tanacetum en françois tenaisie : on dit aussi du cost ou poivrette.]

En Octobre, doit on mangier boisias (id est boyaux) & boire moult lait de chievre & de brebis cascun jor a enjun, & pus apres prendre puison de galiophilée [giroflée] & de salge, por la palasine. Et bon fait sainier en ce mois. [Palasine est une espece de goutte.]

En Novembre fait bon sainier de la veine del fe, & garder soi de calden mangier : car dont est il plains de vem. Et lors ne doit on pas baignier, mais bon fait estuver & prendre puison d'ysope.

En Decembre fait bon sainier, & bon estuver, & prendre puison d'ysope.

ETAT DE LA SCIENCE
DU DROIT.

I.

DU DROIT CANON.

LA science du Droit ne consistoit encore dans l'onziéme siécle, qu'en certaines collections de Canons de Conciles, Constitutions de Papes, & Capitulaires de Rois. C'étoit plûtôt une espece de Théologie Morale qu'une science particuliere ; & très-peu de monumens en font mention. On se contentoit de faire transcrire les compilations de Rheginon, de Burchard de Wormes, comme fit vers l'an 1080 l'Abbé de Fleury sur Loire nommé Veran , & vers 1092 Godon Abbé de Bonneval. Ceux qui cultivoient cette science lurent quelquefois le Code & le citerent dans leurs écrits : & ceux qui passoient pour versés dans l'un & l'autre Droit étoient souvent élevés à la dignité Episcopale. Geoffroi Chantre d'Angers fait Evêque vers

l'an 1081 eſt loüé par Baudri de
Bourguëil, pour avoir été verſé *in
actione cauſarum* ; & la ſcience que ce
Poëte appelle *civilis dictio juris* faiſoit ſon caractere. Ives de Chartres
montra auſſi en ce tems-là dans ſa perſonne, que la connoiſſance des Loix
civiles étoit très - compatible avec
celle des Canons. Ses écrits ſont
pleins de citations qui ſuppoſent qu'il
avoit lû les principaux livres des
Loix Imperiales. Mais je ne veux
point prévenir ici ce que j'ai à dire
plus au long ſur le Droit Civil.

Ce fut vers la fin de l'onziéme ſiécle que l'on reconnut de plus en plus
combien il étoit utile de réünir en
un corps les Decretales des Papes &
les Conciles. Hugues Evêque de
Grenoble ramaſſa celles d'Urbain II
dans les premieres années du XII.
ſiécle. Perſonne ne ſentit mieux cette
utilité, & ne la fit mieux reſſentir
aux autres que l'Evêque de Chartres
dont je viens de parler. Son Decret
& l'abregé qu'il en fit ou qui y avoit
ſervi d'original ſous le nom de Pa-
norme, fut ce qu'on lût dans les
Ecoles juſques bien avant dans le
même ſiécle.

Mais depuis que Gratien Moine
Italien eut redigé fon Decret fous le
titre de *Concordia difcordantium ca-
nonum*, & qu'on eut commencé à s'en
fervir à Boulogne, la relation que
les études occafionnerent entre cette
ville & celle de Paris, fit qu'on
y apporta bien-tôt ce nouveau volume qui fut lû à la place des anciens.
On prit ce parti avec d'autant plus
de raifon, qu'on y trouva la folu-
tion des affaires plus aifément,
parceque l'intention du Compilateur
avoit été d'accorder les nouveaux
ufages avec ceux des fiécles reculés.
Si on enfeignoit auparavant le Droit
à Paris, ce n'étoit que foiblement,
& feulement comme une partie de la
Théologie Morale, & par conféquent on ne le profeffoit que dans les
Ecoles Epifcopales, ainfi qu'à Au- *Chron.*
xerre où St Thomas de Cantorbery *J. Brom-*
avoit continué de l'étudier à fon re- *[ton.*
tour de Boulogne. Mais l'introduction de l'ouvrage de Gratien dans les
Ecoles, ouvrit une fi vafte carriere,
qu'on s'apperçût qu'il étoit befoin
de faire une étude feparée de ce

Droit. De là se forma peu-à-peu l'Ecole de la Montagne de Sainte-Genevieve. Les copies de Gratien se multiplierent. Elles furent admises dans les Bibliotheques, surtout dans celles des Cathedrales. Guillaume de Passavant mort Evêque du Mans en 1186 legua cet ouvrage à son Eglise. Etienne de Tournay, & Robert du Mont le connoissoient. Alain Evêque d'Auxerre retiré à Clervaux en fit même un présent à ce Monastere vers l'an 1180. Mais dès-l'an 1188 le Chapitre General de Citeaux regarda apparemment ce livre comme dangereux, puisqu'il ordonna qu'il ne fut point mis dans la Bibliotheque commune à cause du mauvais usage qu'on pouvoit en faire, & qu'il seroit enfermé séparement, pour y avoir seulement recours dans le besoin.

Thesaur. anecd. t. 4. col. 1153.

L'étude de ce Décret ne fut pas suffisante pour contenter les esprits avides de cette science. Il se fit une collection de Decretales d'Alexandre III. qu'Etienne de Tournai compara à une forêt, & dont il blâma

Epist. 241. ad Ingram.

fort l'ufage, difant qu'on abandon-
noit les anciens Canons, pour fe li-
vrer à des loix nouvelles. Ce fçavant
fut témoin qu'on expliquoit dans les
Ecoles le nouveau volume, qu'on le
vendoit en public à l'avantage des
Marchands copiftes qui trouvoient
leur travail bien diminué & leur
payement néanmoins augmenté. Je
ne fçai, fi un Ernald furnommé de
Blois ou de Vendome, grand Jurifcon-
fulte de Paris & ami de Pierre de
Blois ne fut pas l'un de ces compi-
teurs pofterieurs à Gratien. Au
moins il y avoit à Paris & à Orleans
dès-la fin du XII fiécle un livre de
Droit Canon & Civil appellé *Liber*
pauperum, qui n'étoit fans doute
qu'un extrait du gros volume de Gratien & autres.

La multitude étonnante de connoiffances produifit parmi les Cano-
niftes le même effet que parmi les
Dialecticiens. On voulut fubtilifer
non-feulement dans la fpeculation,
mais même dans la pratique. Les
Profeffeurs ajoûterent Concordance
fur Concordance, & rendirent l'étude du Droit d'une extrême difficulté.

Otho Sancto Blasio in Chron. ad an. 1192.

Ce fut dequoi le zélé Prêtre Foulques Curé de Neuilly-sur-Marne, reprit les Jurisconsultes de Paris. Les subtilités d'un autre côté inspirerent les procès : ensorte qu'en bien des pays, ce n'est que depuis le commencement du regne de Philippe Auguste que l'on trouve des vestiges de plaidoirie.

Ce seroit entreprendre l'Histoire du Droit Canon que de m'étendre sur les differents continuateurs de Recueïls de Decretales faits dans le XIII siécle. Deux Religieux des nouveaux Ordres Mendians y furent employés en divers tems ; Raymond de Pegnafort Dominiquain; & Jean de Gales Cordelier Anglois retiré à Paris qui se servit utilement des compilations de Maître Gilbert & de Maître Alain. Je ne parlerai point non plus du premier Glossateur du Decret de

Seneca Canonic. Halberstad. anno. 1272. Hist. Univers. Paris. t. 1. pag. 404.

Gratien qu'on assure avoir été un Allemand. Il a du être aussi célebre en son genre dans la France, qu'Alexandre de Halez l'avoit été pour le premier Commentaire qu'il avoit donné sur le Maître des Sentences. Ces Gloses sur Gratien se multiplie-

rent;

rent à l'infini. Le Decret lui-même
avec les Decretales formerent des
volumes immenſes dont quelques ſtu-
dieux firent des extraits ſous le nom
de *Flores juris Canonici* (a), ou ſous
le nom de Miroir (b). Quelques autres compoſerent des Répertoires ou
Tables (c).

Autant ces derniers faciliterent
l'étude du Droit Canon en general ;
autant d'autres contribuerent à l'é-
claircir par des Traités particuliers.
De ce nombre fut Landulfe Sagax
Chanoine de Chartres (d). Durand
le jeune (e), & Jacques de Thermes
Abbé de Chaalis, qui vêcurent tous
les trois ſous le regne de Philippe
le Bel (f).

Au reſte on ne peut mieux répré-
ſenter l'état du Droit Canon depuis
qu'il commença à fleurir en France,
que par le jugement qu'en portoient

(a) Hugues de Mi-
ramars Archid. de Ma-
guelone, puis Chartreux
vers l'an 1220. *Bibl.
Reg. Cod.* 4252.

(b) *Speculum Juris*
Durand.

(c) Le même Durand
& Guillaume de Paris

Jacobin mort en 1312.

(d) *De Pontificali
officio.*

(e) *De modo tenendi
Concilii Generalis.*

(f) *Deſenſorium Ju-
ris pro exemptione Re-
ligioſorum.*

T

218 *Etat des Sciences en France,*
quelques graves perſonnages qui n'é-
toient pas de cette Faculté. Humbert
de Romans General des Jacobins,
formant le canevas du Sermon qui
devoit être prêché devant de jeunes
étudians en droit Canon, les avertit
de prendre garde à l'abus qu'ils peuvent faire de cette ſcience ; par exemple en troublant les élections, & en
multipliant les Appels. Et après
avoir dit, que ce ſeroit une folie
d'aſſurer que l'Egliſe ſe regle mieux
par le Droit que par la Théologie,
il ajoûte qu'il ſuffit d'aimer modéré-
ment le Droit Canon. Guillaume le
Maire Evêque d'Angers diſoit dans
ſon Synode de l'an 1312, qu'il auroit voulu qu'on eut ſuivi les anciens
Canons qu'il qualifie de *panes ſimila-*
gineos Sanctorum antiquorum Patrum,
plûtôt que le Droit nouveau, qu'il
ne feint point d'appeller *ſiliquas por-*
corum, & panes furfureos moderno-
rum.

I I.

DU DROIT CIVIL.

Uoique les sources du Droit Civil soyent fort anciennes, aussi-bien que celles du Droit Canon, ce ne fut cependant que dans le XII & le XIII siécle, qu'elles se répandirent abondament en France. Je ne dirai presque rien de l'onziéme siécle, puisqu'alors ce n'étoit pas dans le Royaume qu'on formoit la jeunesse à cette étude, & que ceux qui s'y sentoient portés passoient en Italie. C'est ainsi qu'on vît à Pise en 1066 plusieurs Provençaux y étudier les Loix ; Ce qui inspira à R. Moine de Saint-Victor de Marseille qui s'y trouva dans ce tems, de demander à son Abbé la permission de suivre leur exemple, prévoyant l'utilité qui en pourroit revenir au Monastere. Aussi étoit-ce en Italie que les Instituts de Justinien venoient d'être découverts. Ce fut de-là qu'ils passerent en France, où ils furent trouvés comme ailleurs très-propres

Ampliss. Collect. t. 1. p. 470.

à donner les premieres sciences du Droit Civil aux Candidats. Mais les Italiens parurent toujours vouloir se reserver l'honneur de commencer, lorsqu'il s'agissoit de donner des éclaircissemens sur ce Droit. Il suffit de se remettre à la memoire le fameux Irnere ou Wernier du XII siécle, le grand Accurse du XIII, & Odofred de Bénévent.

J'ai déja dit en parlant du Droit Canonique, que les Ecoles de Boulogne donnerent la naissance à celles de Paris. Cela étoit si notoire, que même après l'établissement des Professeurs en cette derniere Ville, bien des écoliers allerent encore étudier les Loix au-delà des Monts. Pierre de Blois le marque en parlant de lui-même, Cet écrivain, quoique formé dans cette science n'en porta pas toujours un jugement également favorable. Après s'être excusé sur le terme de *Droit Civil*, dont un ami lui repro-

Epist. 1. choit d'user trop souvent, & avoir fait remarquer, que le Prophéte Jeremie n'avoit pas dédaigné d'employer les termes de cette science, il en fait l'éloge en ce peu de mots : *Porrò Jus*

Civile fanctum eft & honeftum, atque facris Patrum conftitutionibus approbatum. Ailleurs il dit qu'étant à Paris à fon retour de Boulogne, il jette quelquefois la vûë fur le Code & fur le Digefte, plûtôt pour fe délaffer, que pour en faire ufage. Mais dans fa lettre à Pierre, Chapelain du Roy d'Angleterre, il oppofe directement la Loy de Juftinien à la Loi de Dieu, difant que celle de Dieu convertit les ames, & que l'autre en pervertit beaucoup ; que les Pandectes font une abyme impenetrable dont tout le fruit ne confifte que dans l'orgueïl. Il traite d'impudique la fcience des Loix, parce qu'à l'exemple des femmes de mauvaife vie, elle eft mercenaire. Il finit cette affreufe defcription par celle des Profeffeurs, qu'il dit n'être animés que de l'efprit d'ambition, de cupidité, de vertige, & d'erreur. Ailleurs il fe contente de dire de leur éloquence, qu'elle eft *picturatus loquendi modus.* Sarisbery écrivant à S. Thomas de Cantorbery pour l'empêcher de fe trop appliquer à cette étude, donne une idée moins defavantageufe de l'état de la

Ep. 261

Ep. 140.

Comment in Job.

T iij

Inter Epist. S. Thom. Tom. 1. Ep. 31.

Jurisprudence. Il se borne à lui demander qui est celui, qui après avoir lû & fueilleté les livres des loix, sort de cette lecture plus touché de devotion. Adam Abbé de Perseigne dépeint aussi assez desavantageusement l'état de la Jurisprudence Civile. » Tous cherchent, dit-il, la

Thes. anecd. t. 2. col. 737.

» science des Loix, & la possedent : » mais ils font peu de cas de l'observer. L'enflure de cette science » ne sert qu'à amasser de l'argent : & » ce vent de paroles ne tend qu'à » l'ambition. » Le même Abbé déploroit de ce qu'il n'y avoit que les Jurisconsultes ausquels on distribuât les dignités & les biens de l'Eglise.

Epist. ad Willelm. Archiep. Senon.

Etienne de Tournay qui vivoit aussi dans le même-tems, se plaignoit fort des Etudians qui avoient affaire à eux. Il disoit d'un jeune Ecclesiastique obligé de plaider : *Ad bestias depugnat in laïcorum foro : judices habet eos, qui & non noverunt litteras, & litteratos oderunt.* Il paroît par ce dernier trait, que les Juristes de ce temps-là devoient être sçavans dans leur profession, puisqu'ils ne se mêloient point d'autre science, & qu'au

contraire ils avoient en horreur les
gens de lettres.

Dès-le regne de Loüis le Gros,
plusieurs Moines & Chanoines Reguliers avoient été tentés d'étudier
le Droit Civil, afin d'amasser de l'argent. Le Concile de Reims de l'an
1131 lé leur défendit, marquant *Can. 6*
qu'il étoit absurde à eux de vouloir
être instruits du stile du Barreau.
C'est ce qui porta Pierre de Celles à *Lib. 7.*
dire, que si dans sa jeunesse il lut les *Ep. 17.*
Loix Civiles, ç'avoit été avec la permission de ses Superieurs, & sans
omettre ses devoirs. Les mêmes défenses furent renouvellées dans celui
de Montpellier de l'an 1162 & dans
celui de Tours de l'an 1163. Mais
comme elles ne s'étendirent point sur
les livres de cette profession, les Moines admirent dans leur Bibliothéque *Ampliss.*
ceux qu'on leur légua. Mainier Abbé *Collect.*
de Saint-Victor de Marseille les y fai- *t. 1. col.*
soit soigneusement conserver. *1010 ad*
annum
1191.

Le Pape Honorius III. défendit en
1218 d'enseigner à Paris le Droit
Civil. On en disoit deux raisons.
L'une, parce qu'en France on ne
suit pas le Droit Ecrit ; l'autre parce

T iiij

que les Legistes étant les plus agés
des écoliers caufoient fouvent du tu-
multe dans l'Univerfité. Mais la veritable raifon étoit afin de relever
l'étude de la Théologie qui tomboit,
pendant que l'autre fleuriffoit. De-là
vint, que le même Pape renouvellant
les anciennes défenfes faites aux Moines de s'appliquer au Droit Civil, fe
fervit de ces termes méprifans en parlant de cette fcience ; *abeuntes poft
veftigia gregum illicitè fe convertunt
ad pediffequas.* Environ dans le même-tems un Concile de Paris avoit
défendu aux Religieux d'exercer la
la profeffion d'Avocat, précifément
par interêt ; d'où il paroît qu'il ne regardoit point l'étude du Droit Civil
comme mauvaife en elle-même. De
femblables défenfes furent faites aux
Ecclefiaftiques dans un Concile de
Narbonne de l'an 1227, & dans un
autre tenu à Ruffec l'an 1258.

Quelques - uns d'entre les Religieux du XIII fiécle, qui avoient entrepris d'écrire fur toutes fortes de
matieres, écrivirent auffi fur celle du
Droit. Mais ce qui en dégofita le
grand nombre, outre les déenfes

dont je viens de parler, fut la reduc-
tion de plusieurs Coutumiers écrits en
François dès-le tems de S. Loüis à
l'exemple des Loix que Godefroy de
Boüillon avoit fait rediger dans le
même langage cent cinquante ans auparavant. Cette varieté de coutumes
qui differoient du Droit Ecrit em-
barraffa ces écrivains modernes. On
peut les voir dans les Collections de
M. du Cange & autres, où l'on trouvera celle qu'on qualife du titre d'E-
tabliffemens de S.Loüis, dans lefquels
en même tems qu'on appercevra les
citations de l'ancien Droit Civil, on
verra l'origine des Coûtumes de Paris
& d'Orleans. Le Recuëil des Loix
de Normandie qui venoient d'être
compilées en latin l'an 1250 fut auffi mis en langue vulgaire : Mais cela
n'empêcha pas que la procedure ne
se fit plus ordinairement en latin. Il
est vrai que le flyle en étoit fort cor-
rompu : Le Droit fuivit en cela le
fort de la Théologie. Cette derniere
science reprit apparemment le deffus
à Paris fous le regne de Philippe le
Bel, puifque ce Prince marque dans
ses lettres de 1312 fur l'établiffe-

Chopin lib. 2. Polit.

Hift. Univerf. Parif. t. 1. p. 503.

Vie de S. Loüis Coutume de Beauvoifis, &c.

Ludevvigh. tom. 7.

Ordonnances des Rois T...

ment de l'étude de Droit à Orleans,
qu'il est informé, que les Rois ses
prédeceffeurs n'ont pas permis qu'on
établit à Paris l'étude des Loix fecu-
lieres, & qu'ils ont au contraire follici-
té des Bulles expreffes qui en fiffent
défenfes. Ceci marque en paffant le
rang qu'on donnoit alors a l'étude du
Droit Civil.

Si quelqu'un fouhaite fçavoir jufqu'où les plus laborieux Jurifconful-
tes François pousferent leurs travaux fous Philippe le Hardi & Phi-
lippe-le-Bel, il peut confulter la lif-
te des ouvrages de Pierre de Belle-
Perche qui devint Doyen de l'Eglife
de Paris, puis Evêque d'Auxerre.
Il connoîtra par là l'immenfité de cette étude, & il apprendra avec combien de raifon le Maître Vaccarius
Anglois avoit entrepris l'an *1149*
en faveur des pauvres Ecoliers, un
extrait en neuf livres des endroits du
Code & du Digefte qui fe voyoient
plus communément aux Ecoles. Ce
livre paffa bien-tôt en France, & les
Legiftes l'y copierent avec fuccès
fous le regne des prédéceffeurs de S.
Loüis, & de fes fucceffeurs.

REMARQUES SUR L'ARCHITECTURE,
la Peinture, l'Orfevrerie
& autres Arts.

J'Ai réservé pour la fin de cette Differtation ce qui me refte à dire fur l'Architecture, la Peinture & autres Arts, quoique j'euffe pu en parler à l'occafion de la Géometrie. Mr. Felibien nous a fait connoître un Archevêque de Lyon Architecte du Pont qui fut fait fur la Saone en 1050, & plufieurs autres habiles dans l'Architecture. On pourroit augmenter fon Catalogue, du nom d'Ezelon, qui de Chanoine de Liege fe fit Moine de Cluny, & avança beaucoup l'édifice de l'Eglife de cette Abbaye. Les Religieux de ces tems-là ne fe contentoient pas de préfider à l'ouvrage, ils travailloient auffi eux mêmes, & fe laiffoient qualifier du nom de maîtres Maçons *Cæmentarius.* C'eft pourquoi l'on ne doit pas être furpris de lire chez Ives de Chartres, que certains Moines s'étoient engagé de fermer eux-mêmes de murs le bourg de Courville. Foul-

Vie des Illuftres Architectes.

Anni Bened. t. 5. p. 528. ad an 1109.

Goffrid. Vind. Ep. 13. & l. 3. Ep. 16. Iv. Ep. 268.

ques Préchantre de Saint - Hubert
sous le Roy Henry I. fut un excellent
tailleur de pierres & un habile ou-
vrier en bois. Martin Moine d'Autun
travailla dans un genre plus délicat ;

il fit vers l'an 1131 la sculpture du
mausolée de pierre où l'on devoit
mettre des reliques trouvées dans
l'ancienne Cathédrale : Et Richer

Moine de Senone nous apprend qu'il
avoit sculpté de ses propres mains la
statuë de l'Abbé Antoine posée
sur sa sépulture. Cet Abbé étoit
mort en 1137.

Les ouvrages du XI siécle & du
commencement du XII étoient plus
grossiers que ceux que l'on fit depuis.

Ce fut une entreprise assez bizarre
que de faire entrer dans le chapiteau
même d'un pilier une ou plusieurs
histoires sculptées ou au moins des
paysages. C'est à quoi on s'attacha
dans le 11 e. siécle. Dans le suivant on
plaça ces histoires dans des endroits
moins resserrez, comme aux portiques des Eglises & aux vitrages.
Aux portiques principalement, on
n'oublia pas la résurrection derniere, afin d'instruire les fidéles con-

tre les héresies qui s'élevoient alors.
C'est pour cela qu'on la voit figurée
au portail de N. D. de Paris & ailleurs. Il est aisé de s'appercevoir
qu'alors, non plus que dans l'onziéme siécle, on n'observoit pas les pro-
portions dans les statuës. On y fit
plus d'attention dans le siécle suivant.

Les Eglises de pierre étoient rares
dans la campagne sous le Roy Henry
I. On remarquoit comme une singula-
rité celles qui étoient bâties *Cœmenta-*
riorum opere. Cent ans après, Etienne
de Tournay parloit avec complaisan-
ce d'une Chappelle qu'il fit bâtir sur
une arcade dans son logis Episcopal.
Dans la structure des Châteaux des
Seigneurs particuliers qu'on bâtissoit
en pierre, il étoit souvent fait mention de labyrinthes. Lambert d'Ardres en parle trois ou quatre fois. Les
édifices des Cathedrales & autres Eglises de France du XIII siécle qui subsis-
tent en grand nombre, prouvent avec
quelle délicatesse on sçavoit travailler alors, quoique ce ne fut plus dans
les regles de la belle antiquité.

Cartul.
S. Petri
Carnot.
in Hift.
Montif-
moren-
tiaci p.
21.
Epift.
215.

Chron.
Comit.
Ghifn.

Cathedr. d'Amiens,	xerre, de Nevers, Egl. de
de Bourges, Chœur de	Troyes, de Meaux, &c.
Beauvais, Chœur d'Au-	Ste Chap. de Paris, &c.

La Peinture & la miniature eurent des amateurs dans les siécles mêmes les plus grossiers. Geoffroy de Champaleman Evêque d'Auxerre sous le regne d'Henry I fit réprésenter sur les murs du Sanctuaire de sa Cathedrale l'image de tous ses Saints prédecesseurs. La veneration qu'on avoit eu à Cambray pour l'Evêque Lietbert avoit porté à faire son portrait. Si ce tableau subsistoit, il seroit l'un des plus anciens qu'on pût produire en France. Vers l'an 1086 Adelaïde Vicomtesse de Coucy en Picardie, fit faire de beaux tableaux pour deux Eglises. Un peu auparavant, Foulques Préchantre de Saint-Hubert s'appliqua à finir les lettres initiales des manuscrits de son Monastere & à les enluminer. Ces sortes de dépenses étoient regardées comme inutiles dans l'Ordre de Citeaux; ceux de cet Ordre dans le XII siécle reprochoient aux Moines de Cluny d'admettre chez eux des peintures délicates, des vitrages historiés, des lettres d'or dans les livres. L'Evêque d'Auxerre que je viens de nommer & qui étoit singulierement porté pour ceux de

Labb.
Bibl.
MS. t. 1.

Spicil. t.
9.

Il mou-
rut en
1076.

Annal.
Bened. t.
5 p. 233.

Hist.
Anda-
gin. t. 4.
Ampl.
collect.
col 915.

Thes.
Anecdot.
t. 5. col.
1584.

Cluny avoit cru, en imitant leur zéle,
pour la perfection des Arts, devoir
tenter un établiffement jufqu'alors
inoüi. Il avoit deftiné des prébendes *Labb,*
Bibl.
de fa Cathedrale pour dés Eccleſiaſ- *MS. t. 1,*
tiques dont l'un feroit peintre, l'autre vitrier, & le troifiéme orfévre.
Quoique ces ouvriers fuffent bien re-
compenfés pour ces tems-là, c'eſt-à-
dire la fin de l'onziéme fiécle, leurs
peintures tant à frefque que fur le
verre étoient fort groffieres, auffi-
bien que celles dont on fe flattoit
alors d'embellir les livres. Il ne faut
que des yeux pour s'en convaincre
(a). Le regne de Philippe Augufte *Chron.*
vit paroître un meilleur peintre qui *Canoni-*
fe rendit fameux dans toute la Fran- *ci lau-*
ce par fes ouvrages. Mais comme il *dun. in*
Hiſt.
fût convaincu d'herefie, il eut le fort *Univerf.*
des autres heretiques à Braine en *Parif. t.*
3. p. 26,
Soiffonnois, & perit par le feu.

L'orfévrerie n'eût pas manqué d'ê-
tre perfectionnée de plus en plus, ſi
les autres Evêques du Royaume euffent imité celui d'Auxerre, mais nous

(a) Il en refte un | drale dite de la Trinité,
échantillon à Auxerre | dont la conftruction eft
dans la Chapelle des | furement au plûtard du
Cryptes de la Cathe- | XI fiécle.

n'en trouvons rien. On voit que l'Abbé Suger appella d'assez loin à Paris les sept orfévres qu'il employa pour son grand Crucifix, puisque sa vie marque qu'il les fit venir de Lorraine. On peut juger de quelle délicatesse fut un anneau d'or donné sous Philippe I. à Odon d'Orleans, Scolastique de la Cathedrale de Tournay par un de ses disciples, puisque dans le tour de cet anneau l'orfévre avoit eu l'adresse de graver ce vers, *Annulus Odonem decet aureus Aurelienfem.* Ives de Chartres parlant d'un vase *Chrisinal* qu'un Evêque d'Angleterre lui avoit envoyé, dit qu'il étoit d'un genre de travail inconnu aux ouvriers de France : Ce qui prouve que dans le Royaume on pouvoit alors apprendre encore quelque chose des étrangers.

L'art de tourner convint fort aux Solitaires. Aussi lisons nous que celui qui habitoit un certain hermitage de Saint-Medard vers l'an 1097 étoit tourneur de profession, & qu'il enseigna cet art à S. Bernard de Tiron. L'ouvrage en ce genre qui merita peut-être le plus l'attention des

curieux

*Suger.
de adm.
sua
Duch.
tom. 4.
p. 345.
Spicil. t.
12. pag.
361.*

*Epist.
111.*

*Annal.
Bened.t.
5.p.313.
ad an.
1093.*

curieux fut une croffe de bois de
cyprès que les Moines de la Sauve-
Majour envoyerent vers la fin du
XII fiécle à Etienne Evêque de
Tournay en reconnoiffance de l'Office de Saint Gerald qu'il avoit compofé.

Quant à l'art de la Navigation, l'un
des plus importans pour le Commer-
ce, on croit que ce fut au XIII fiécle que fut inventée la Bouffole. Les
Memoires de l'Academie en ayant
parlé, je n'ai garde de m'étendre là
deffus. Les forges à bras étoient encore alors en ufage : mais les moulins
à vent furent connus dès le regne de
Philippe Augufte.

Epift.
260.

Chron.
Andr. t.
5. Spi-
cil. p. 4.
532. ad
annum.
1203.

Obfervations fur les femmes fçavantes.

J'ai évité dans cet écrit de crain-
te d'être trop long, de nommer plufieurs perfonnages illuftres dans chaque profeffion. Le grand nombre
auroit pu fervir de preuves du zéle
que l'on montra pour certaines fciences. Je n'ai nommé parmi les femmes
qu'une Ste Hildegarde & Heloïfe,
qui fe font diftinguées par leur connoiffances : il y en auroit eu encore

.V.

d'autres à indiquer. Je ne parle point de celles qui ont fçu fimplement tranfcrire des livres, les enluminer, & les orner de vignetes ; mais j'entends des Dames qui ont compofé : Celle par exemple qui mit au jour vers l'an 1100 de fi belles poëfies que le fameux Hildebert du Mans crut devoir l'honorer d'une épigramme : Une Marguerite de Lyon Prieure de la maifon des Chartreufes de Poletin, qui écrivit des ouvrages de piété : Une Ifabelle fœur de St Loüis qui écrivit une infinité de lettres en latin, & une Agnés d'Harcourt, Religieufe à Long-Champ proche Paris, qui redigea en françois la vie de la même Ifabelle. Mais cette recherche demanderoit une étude particuliere : Il eft tems de finir.

Hildeb. Carmina Miscellan. Hist. Litteraire de Lyon.

Epilogue.

Peut-être trouvera-t'on cette differtation un peu trop longue : au moins fuis-je fûr que le ftile paroîtra affez négligé. Mais la neceffité où je me fuis trouvé de choifir de deux chofes l'une, ou de facrifier les recherches au ftile, ou le ftile aux re-

cherches, j'ai mieux aimé prendre
le dernier parti, étant absolument
impossible, vû les circonstances,
de faire en même-temps l'un & l'autre dans un sujet si vaste & si étendu. Au reste, quelque diffus que
j'aye été, je ne prétends pas avoir
tout dit. Il y auroit eu beaucoup
plus de remarques interessantes à
faire sur le progrés des Sciences &
des Arts en France, si l'on avoit
été exact dans tous les lieux du
Royaume à écrire ce qui s'y est passé,
ou à conserver ce qui avoit été
écrit. Au défaut de ces secours,
on doit se contenter de ce qui nous
est resté ; & en regrettant ce qui a
été perdu, souhaitter que dans la
suite on soit plus exact à instruire la
posterité, & qu'on fasse attention à
l'utilité, qui d'un côté en revient
aux lecteurs, & de l'autre aux écrivains même ; puisque comme remarque Pierre de Blois, il n'y a que
leurs ouvrages qui perpetuent leur
memoire dans les siécles à venir.

Sola scripta sunt, quæ morta-
V ij

les quædam famâ immortalita-
tis perpetuant.

Petrus Blesensis Ep. 87.